하루 10분
엄마표
한글 놀이

하루 10분 엄마표 한글 놀이

초판 1쇄 2022년 07월 19일

지은이 이현정 | **펴낸이** 송영화 | **펴낸곳** 굿위즈덤 | **총괄** 임종익

등록 제 2020-000123호 | **주소** 서울시 마포구 양화로 133 서교타워 711호

전화 02) 322-7803 | **팩스** 02) 6007-1845 | **이메일** gwbooks@hanmail.net

© 이현정, 굿위즈덤 2022, *Printed in Korea*.

ISBN 979-11-92259-28-4 03590 | 값 15,000원

눈 맞추고 놀아주면 한글 떼는

하루 10분
엄마표
한글 놀이

이현정 지음

굿위즈덤

결국 엄마표 한글 놀이가 답이다

나는 내 아이를 직접 가르칠 자신이 없었다. 방법도 몰랐다. 내 아이는 못 가르치면서 다른 아이를 가르치는 교사를 했었다. 사람들은 말한다. "엄마가 선생인데 왜 자기 자식 하나 못 가르쳐."라고 말이다. 내 아이는 그냥 내 아이일 뿐 제자가 아니라고 생각했다.

맞다. 내 아이는 내 제자가 아니다. 하지만 내 아이를 코칭하고 격려하고 이끌어주는 조력자는 될 수 있다. 이 생각을 하기까지 많은 시행착오를 겪었다. 그 시행착오들을 겪고 나니 우리 늦둥이들에게는 좀 여유 있는 마음으로 한글을 가르쳤다.

주변을 둘러보면 자녀 교육에 대한 열의가 대단한 엄마들이 많다. 학원을 보내기도 하고 학습지를 하고, 과외를 받기도 한다. 엄마들의 불타는 교육열에는 항상 사교육이 함께한다. 사교육이 나쁜 것은 아니다. 다만 엄마가 내 아이가 공부하는 내용에 대해 알고 있어야 한다. 직접 가르치기는 어려워도 진도는 어디를 나가는지, 내 아이가 어려워하는 것은 무엇인지, 어떤 것을 잘하는지 정도는 알아야 한다. 그냥 막연하게 선생님께 맡기지 말라는 얘기다. 나도 내 아이 가르치는 것이 쉽지만은 않았다. 하지만 어떻게 아이를 대하느냐에 따라 아이가 엄마와 함께 공부를 하느냐 하지 않느냐가 달려 있다.

나는 아이들과 놀아주며 한글을 가르쳤다. 학습지 교사를 할 때도 스티커 하나 붙이는 것도 놀이처럼 했다. 카드 놀이도 재미있게 했다. 우리 아이들에게도 재미있게 놀면서 한글을 가르쳤다. 내 첫째 아이는 나와 공부하는 것을 힘들어했다. 그 시행착오를 또 겪지 않으려고 늦둥이들을 키우면서 공부하고 또 공부했다.

엄마표 한글이라는 것은 내 아이를 엄마가 책상 앞에 붙들고 앉아 가르치는 것이 아니다. 엄마가 함께 놀아주며 아이와 상호작용을 통해 소통하고 눈을 맞추며 내 아이에 대해 더 깊이 알아가는 것이다. 내 아이를 가장 잘 아는 사람은 엄마다. 그렇기 때문에 엄마는 아이를 더 이해할 수 있고 잘 이끌어갈 수 있다. 나는 이 책을 통해서 엄마들이 직접 아이들에게 한글을 가르치는 데 어려움이 없게 하고자 한다. 17여 년 동안 아이들을 가르치며 함께 배우고 공부했던 모든 경험과 노하우를 나누고 싶다. 이 책을 읽는 엄마들이 엄마표 한글 놀이를 통해 시간을 아끼길 바란다.

내가 이 책을 집필할 수 있도록 이끌어주신 〈한국책쓰기강사양성협회〉의 김태광 대표님과 〈위닝북스〉 권동희 대표님께 진심으로 감사를 표한다. 이 두 분이 안 계셨다면 나는 엄마표 한글 놀이를 널리 알리지 못했을 것이다. 또한 첫째로 태어나 부족한 엄마로 인해 많은 어려움을 겪었던 첫째와 엄마가 작가가 되었다고 기뻐하는 늦둥이 두 아들에게 진심 어린 사랑을 전한다.

엄마의 아들로 태어나준 삼형제… 엄마가 많이 아끼고 사랑한다.

2022년 6월, 이현정

목차

2장 진작에 한글을 이렇게 가르쳤더라면

3장 엄마표 한글 딱! 8가지만 기억하라

4장 단계별 엄마표 한글 놀이법

5장 엄마표 한글 놀이가 공부하는 아이를 만든다

1장

엄마는
최고의 한글
선생님이다

아들 셋 엄마의 한글 교육법

첫아이를 낳고 자녀 교육에 관심이 많았다. 나는 내 아이가 글자에 관심이 생기면 한글을 가르치려고 했다. 그런데 내 아이는 글자에 관심을 보이지 않았다. 결국, 다섯 살이 되어서야 한글 교육을 시작했다.

첫째의 한글 교육은 방문 학습지로 시작했다. 교구와 교재를 한꺼번에 구매하고 교사 비용을 따로 지불했다. 그때는 그저 선생님에게 아이를 맡기는 식이었다. 복습 같은 건 해주지 못했다. 그렇게 1년을 공부했는데 효과가 없었다.

뭐가 문제였을까? 나는 문제점을 인식하지 못했다. 대신 학습지를 바꿨다. 이번 선생님은 왠지 모르게 믿음이 갔다. 우리 아이 한글을 완벽하게 떼줄 것 같았다. 이 또한 나의 착각이었다. 선생님이 못 가르쳐시가 아니었다. 문제는 복습을 안 해준 엄마에게 있었다. 엄마가 복습을 안 해주니 아이는 글자에 노출이 적었고 한글 떼는 속도가 늦어진 것이다. 그만큼 아이의 교육에는 엄마의 역할이 중요하다.

첫째는 일곱 살에 한글을 완벽하게 떼었다. 좀 늦은 편이다. 어느 날 아이 선생님에게 전화가 왔다.

"어머니! 우리 아이가 글자를 다 읽어요! 알고 계세요?"
"어머! 정말요?"
"네! 이제 글자를 다 읽고 문제의 지문도 이해해요. 진도를 높여도 될 것 같아요."

나에겐 너무나 반가운 소식이었다. 학교에 들어가기 직전에 아이가 한글을 다 뗀 것이다. 아니, 어쩌면 더 일찍 뗐을 것이다.

첫째는 조용하고 말이 없는 아이다. 그래서인지 본인이 알고 있는 글자도 말하지 않고 표현하지 않았다. 이런 아이의 성향을 파악하지 못하고 나는 그저 아이가 글자를 깨우치는 게 늦다고만 생각한 것이다. 나의 불찰이었다.

그러다 나는 학습지 교사가 되었다. 내 아이 선생님의 권유도 있었다. 하지만 나는 내가 자세히 공부하고 아이를 가르치고 싶었다. 함께 일했던 동료가 있는 곳, 분당에서 학습지 교사를 시작했다.

한 달간 교육을 받았다. 수업하러 나가기 전 교재 공부를 완벽하게 해야 했다. 그리고 수업 시연도 연습했다. 밤을 꼬박 새워가며 공부했다. 여러 선생님의 수업을 참관하며 내 수업에 적용할 스킬을 쌓아 갔다.

그렇게 10여 년을 아이들을 가르쳤다. 아이들을 가르치면서 수많은 시행착오를 겪었다. 그 시행착오들이 나에게는 노하우가 되었고 경력이 되었다. 나는 한글 수업의 달인 교사가 되어 있었다. 본사에서도 인정받고 전국 교사들의 모범 답안이 되었다. 내 수업 영상을 촬영해서 아침 교육방송 때 틀어주기도 했다. 내 수업 노하우를 신입 교사들에게 강의도 했다. 나는 이미 한글 달인 교사였다.

그리고 둘째를 임신했다. 입덧이 심해 회사를 그만두었다. 둘째를 낳고 육아를 하다 또 셋째를 임신했다. 그러다 보니 나는 완벽한 경단녀가 되어 있었다. 연년생 두 아이를 키우면서도 자녀 교육에 대해 끊임없이 공부했다. 학습지 교사 경력을 바탕으로 둘째는 24개월이 되자마자 호기심 프로그램을 시작시켰다. 30개월이 되었을 때는 한글 학습을 시켰다.

요즘 웬만한 학습지는 태블릿으로 수업한다. 나 역시 둘째에게 태블릿 수업을 시켰다. 물론 내가 몸담았던 회사의 제품이다. 커리큘럼도 꿰고 있고 첫째와 달리 복습도 잘해줄 자신이 있었다.

둘째는 태블릿으로 너무 재미있게 공부했다. 엄마의 복습은 태블릿을 자주 보여주며 아이를 글자에 노출해주는 것이었다. 그래서 책도 많이 읽어주었다. 낱말카드도 활용했다. 낱말카드는 이미지 글자여서 아이가 이미지를 보고 쉽게 읽어낸다. 그렇게 낱말카드와 친해지고 익숙해지면, 이미지 글자 위를 검정 색연필로 칠하게 했다. 먹 글자를 읽어야 진정한 글을 읽는다고 말할 수 있기 때문이다.

먹 글자와도 친해지게 하고 나니, 내 아이가 얼마나 아는지 궁금해졌다. 나도 어쩔 수 없는 엄마였다. 스케치북에 배운 글자들을 써 놓고 노래를 부르며 글자를 찾게 했다. 그런데 이게 웬일인가? 아이가 다 찾아냈다. 엄마가 쓴 먹 글자를 말이다.

아이들은 이미지 글자로 학습하다가 다른 사람이 쓴 글자를 보여주면 읽지를 못한다. 그 이유는 글자의 이미지로 사물을 연상해 이미지 글자를 읽어내기 때문이다. 그래서 이미지 글자 위를 검정색으로 따라 쓰거나 색칠하며 먹 글자와 친해지게 만드는 것이다. 그렇게 해도 엄마가 쓰는 글자를 읽지 못하는 아이들이 많았었다. 내가 가르쳤던 수백 명의 아이들 속에도 이런 케이스가 드물었다.

남편은 둘째가 글자를 읽는 것이 신기한지, 계속 물어보고 맞혀보라고 한다. 내 아이가 글자를 읽으니 신기하고 감격스러운 마음은 백 번 이해한다. 하지만 아이에게 확인하고 질문하는 과정은 아이의 흥미를 떨어뜨릴 수 있어 주의가 필요하다. 둘째는 학습 태블릿과 엄마의 복습, 책 읽기로 36개월에 한글을 떼었다. 네 살에 한글을 다 읽게 된 것이다. 한글을 다 읽고 나면 국어 과정을 배워야 하는데 아이가 아직은 국어 과정을 이해하기엔 어려서 좀 기다렸다.

셋째 아이는 그저 마냥 예쁘다. 떼를 써도 예쁘고, 울어도 예쁘다. 그저 존재만으로도 사랑이었다. 둘째까지는 학습에 대한 욕심이 있었다. 그런데 신기하게도 막내에게는 그런 욕심이 없었다. 그저 건강하게만 자라기를 바랐다.

셋째는 형이 공부하면 자신도 하겠다며 옆에 앉아 색칠 놀이를 하거나 책을 봤다. 그러다가 코로나가 터졌다. 코로나로 아이들은 집에서 시간을 보내야 했다. 일주일도 긴 시간인데 몇 개월을 집에만 있는 아이들을 위해 무언가를 해야 했다. 다섯 살이 된 셋째에게 한글을 가르치기 시작했다. 가장 먼저 책을 많이 읽어주었다. 셋째는 아기 때부터 책을 읽어주었다. 그래서 책을 좋아하게 되었다. 둘째도 책을 많이 읽었지만 셋째가 더 책읽기를 좋아한다.

셋째는 100% 엄마표 한글 교육을 시작했다. 낱말 카드를 구매해서 다양한 카드 놀이를 해주었다. 한글을 다 뗀 둘째는 한글 카드와 함께 영어 카드 놀이를 했다. 놀이법은 4장에서 다루겠다.

일주일 단위로 주제를 정해서 주제에 맞는 낱말들을 골랐다. 처음에는 네 장의 카드로 시작해서 여섯 장, 여덟 장으로 양을 늘려갔다. 셋째는 학습지의 낱말 카드가 아닌 시중에서 판매되는 카드로 가르쳤다. 그래서 이미지 글자가 아니라 처음부터 먹 글자로 시작하게 되었다.

그림과 글자를 함께 보여주며 인지를 시켰다. 아이가 받아들이는 속도가 빨랐다. 아이의 속도에 맞게 진도도 빨리 나가게 되었다. 처음에는 통문자, 그리고 같은 글자 찾기, 한 글자, 리듬감 있는 읽기, 조사 배우기, 받침 음가 배우기, 자음, 모음, 자음과 모음의 결합, 이렇게 순서대로 가르쳤다. 셋째는 정말 체계적으로 엄마표 한글을 뗀 셈이다.

둘째는 책 읽기와 적당한 노출로 거의 스스로 뗀 거나 다름없다. 첫째는 100% 학습지의 도움을 받았다. 이렇게 3형제가 각자 다른 방법으로 한글을 깨우쳤다.

첫째 때는 시행착오가 많았다. 엄마가 알지 못해서 제대로 가르쳐주지 못했다. 둘째는 감사하게도 자연스럽게 책을 읽고 놀면서 혼자 터득한 셈이다. 책을 읽고 혼자 터득하다 보니 불러주는 글자 쓰기를 어려워했다. 반면에 셋째는 체계적으로 가르친 덕분에 받아쓰기, 즉 '택시', "태에다 기역 받침." 하면 척척 글자를 써냈다.

내 아이 셋의 교육 방법은 이렇게 모두 달랐다.

아이들마다 한글 떼는 속도는 다르다

첫째 아이가 다섯 살이 되어 한글 학습을 시작했다.

1년을 해도 효과가 보이지 않았다. 어떻게 1년을 했는데 효과가 없을까? 아이에게 6개월의 휴식을 주었다. 그리고 고민했다. 무엇이 문제였을까… 고민 끝에 학습지를 바꿨다. 같이 일하던 동생이 추천했다. 학습지를 바꾸고도 아이는 효과를 보이지 않았다. 나는 학습지 교사가 되고 나서야 이유를 알았다. 바로 복습이었다. 나는 선생님만 모시면 해결되는 줄 알았다. 그건 완벽한 내 착각이다. 선생님은 그저 조력자일 뿐 나머지는 엄마의 몫인 것이다.

나는 학습지 교사를 하면서 깨달았다. 내 아이가 한글을 몰랐던 것이 아니라 알면서도 표현하지 못했다는 깃을. 이렇게 첫째 아이는 내성적이고 말이 없었다. 아니 어쩌면 엄마가 물어보는 것에 대답을 못 하면 혼날 것 같은 생각에 말을 안 했을 것이다. 내가 선생님이기에 내 아이는 더 잘해야 한다는 강박관념이 있었던 것이다. 하지만 그것이 내 아이에게 독이 된다는 것을 뒤늦게 깨달았다.

둘째 아이는 30개월에 한글을 시작했다.

말은 서툴지만 학습지 기준으로 한글을 시작할 시기가 되었기에 시켰다. 둘째에게는 학습 태블릿으로 한글 노래도 들려주고 동화도 들려주며 꾸준히 노출했다. 아이 스스로도 태블릿을 가지고 놀면서 자연스럽게 복습이 이루어졌다. 그리고 책도 함께 읽어주었다. 둘째는 그렇게 글자를 익혔다. 문득 아이가 배운 글자를 알고 있는지 궁금했다. 스케치북에 배운 글자들을 적어놓고 노래를 부르면서 글자들을 손가락으로 짚도록 했다. 놀랍게도 엄마가 쓴 글자를 읽는 것이다. 둘째는 먹 글자의 형태가 달라도 글자를 읽어냈다. 36개월쯤에는 간단한 문장의 글도 읽게 되었다. 둘째는 힘들이지 않고 편안하게 한글을 뗀 것이다.

막내 아이는 조급하지 않았다.

언제 떼도 떼겠지 하고 마음을 놓고 있었다. 막내가 다섯 살이 돼서야 한글을 시작했다. 막내는 처음부터 끝까지 엄마표 한글이었다. 낱말 카드를 신중하게 골라 구매했다. 일주일 단위로 한 가지의 주제로 아이와 놀이했다. 다양한 놀이로 아이가 재미있게 놀면서 배우게 했다. 놀이로 한글을 배우니 엄마와 책상 앞에 앉아도 즐거워한다. 책상 앞에 앉는 것도 놀이로 받아들인 것이다. 책상에 앉아서도 놀이를 접목해서 공부했다.

막내는 체계적인 단계를 밟아 한글을 가르쳤다. 감사하게도 엄마가 가르쳐준 것은 절대 잊지 않고 기억했다. 막내는 천천히 놀면서 체계적으로 6개월 만에 글을 읽었다.

쌍둥이 남매 아이를 가르친 일이 있었다.

쌍둥이 엄마는 아이들이 동시에 같이 수업 받기를 원했다.

"선생님, 한 교재로 둘이 같이 수업하고 싶은데요."

"네~ 어머니~ 두 아이를 같이 수업하고 싶으신 거죠? 어머니 마음 충분히 이해합니다. 하지만 아직 아이들이 어리기 때문에 같이 수업하는 것은 무리가 있습니다. 교재는 하나인데 두 아이가 같이하면 교재 사용이 어렵습니다. 스티커 붙이는 것도 서로 하려 하고 색칠하거나 선 긋기를 하는 것도 서로 하겠다고 다툼이 있을 겁니다. 무엇보다 중요한 건 두 아이가 쌍둥이이긴 하지만 서로 발달이 다르다는 거예요. 또 성별도 다르죠. 아이들도 서로 다름을 인정해줘야 합니다."

한날한시에 태어난 쌍둥이도 얼굴은 비슷하지만 성격, 기질, 발달 과정과 속도가 다르다. 이 아이들도 그랬다. 남자아이는 성격이 활발하고 밝았지만, 여자아이는 그렇지 못했다. 이 아이들이 자라온 환경이 그랬다. 모든 것이 남자아이 기준에 맞춰져 있었다. 나는 이 아이들 엄마에게 두 가지 학습 과목을 권유하고 일주일에 한 과목씩 교차로 수업 진행하기를 권했다. 사실 두 아이 모두에게 두 과목씩 수업을 하면 더 좋았을 것이다. 하지만 어머니는 교육비 걱정을 하셨기에 최선의 방법을 알려드렸다.

수업을 하면서 느꼈다.

쌍둥이지만 정말 많이 달랐다. 남자아이는 수업 내용을 스펀지처럼 쑥쑥 흡수하고 표현했다. 반면 여자아이는 의기소침하고 자신감 없고 말도 없었다. 둘째 아이는 첫째보다 약간 속도가 느렸다. 행동도 느리고 발달도 느리고 학습 인지 능력도 느렸다. 게다가 여자라는 이유로 할머니로부터 차별을 받은 것이다. 그러한 차별이 아이를 더 위축시켰다.

연년생 형제가 있었다.

이 아이들은 각각 국어, 수학, 연산을 따로 수업 받았다. 두 아이 다 한글을 더듬더듬 읽는 정도였다. 형은 국어를 동생은 한글을 수업했다. 이유는 두 아이가 연년생인데다가 동생이 형의 학습 능력을 따라잡을까 걱정이 되었던 것이다. 실력은 비슷했다. 이 아이들 엄마가 우려했던 건 동생이 형보다 더 진도를 빨리 나가게 되면 동생이 형을 우습게 여기거나 형의 자신감이 떨어질 수 있기 때문이었다.

　이 연년생 형제의 엄마는 두 아이들의 학습에 대해 정확히 파악하고 있었다. 그리고 나와의 상담을 자세하게 하면서 두 아이에게 적절한 진도와 학습 방법으로 수업하기를 원했다.

　둘째는 천천히, 첫째는 진도가 밀리지 않도록 최선을 다했다. 엄마도 아이들 복습은 절대 빠지는 일이 없었다. 이렇게 엄마와 소통을 하면서 아이들을 가르치니 첫째 아이의 진도가 빨라졌다. 동생과의 차이가 벌어졌다. 그렇다고 동생의 진도를 빨리 나가지도 않았다. 평소대로의 패턴을 유지하면서 형과 동생의 차이를 두었다.

　내 아이들의 경우도 비슷하다. 막내에게 한글을 늦게 가르친 것도 이러한 이유였다. 물론 마음의 여유도 있었지만 연년생이라 더 신경 쓰였다. 남자아이들의 특성상 동생이 형보다 잘하거나 뛰어난 것이 있으면 형을 우습게 여길 수 있기 때문이다. 그래서 서열도 확실하게 잡아준다. 항상 형인 둘째를 먼저 가르치고 한참 뒤에 막내를 가르쳤다. 막내가 받아들이는 속도가 좀 더 빨랐다. 만약 내 아이들이 쌍둥이었어도 서로의 차이를 인정해서 다르게 가르쳤을 것이다.

　엄마들이 아이를 출산하고 몸조리를 하러 조리원에 간다. 조리원에 가면 같이 입소하고 같은 날 출산한 엄마들끼리 일명 '조동 모임'을 한다. 몇 개월 만에 조동 모임을 가면 아이들마다 발달의 차이가 보인다. 같은 날 태어났어도, 같은 성별이여도 저마다 다른 속도로 발달한다. 그것은 환경의 차이도 있고, 아이의 기질, 식습관의 차이도 있다. 환경의 차이는 엄마가 영유아기에 아이에게 어떠한 자극을 주며 발달을 촉진시키는지의 차이다. 베이비 마사지를 자주 해주며 성장을 촉진시키거나 옹알이에 대한 상호작용을 잘해주거나 책을 읽어주며 언어 발달의 자극을 주기도 한다. 저마다 다른 방식으로 자녀를 양육하는 것이다. 아이들의 학습도 마찬가지다.

"옆집에 철수는 벌써 한글을 다 읽는다는데 왜 우리 민수는 못 하는 거야."

이렇게 비교하며 속상해할 일이 아니다. 아이 발달이나 학습이나 엄마가 어떻게 환경을 만들어주고 자극을 주느냐의 차이다. 내 아이가 한글을 빨리 깨치기를 원한다면 그러한 환경을 만들어주고 엄마도 공부하며 아이를 가르치면 된다. 수학을 잘하기를 원한다면 또 그에 맞는 환경을 만들고 가르치면 되는 것이다. 아이들의 주 양육자는 엄마다. 아이를 키우고 가르치는 것은 대부분 엄마의 몫이다. 엄마가 내 아이에 대해서 모르면 안 된다. 우리 앞집에 사는 엄마는 아이들을 제대로 파악하지 못한다. 아이가 울어도 왜 우는지 모르고 아이에게 화만 내고 소리를 지른다.

아이의 옷 사이즈도 잘 모른다. 이 정도로 내 아이를 모르는 것은 엄마의 잘못이다.

엄마라면 누구보다 내 아이에 대해 잘 알고 있어야 한다. 아이가 무엇을 원하는지, 무엇을 잘하는지, 무엇을 좋아하는지 말이다. 아이의 양육뿐 아니라 교육에 대해서도 엄마가 공부하며 가르쳐야 한다. 학원이나 학습지의 도움을 받아도 좋다. 하지만 엄마가 진도를 점검하고 아이가 진도를 잘 따라가는지 어려워하는 것은 없는지 취약한 과목은 없는지 세세히 살피고 관심을 기울여야 한다.

나는 첫아이를 낳고 보육교사 공부를 했다. 보육교사 공부를 하면서 유아 교육에 대해 배웠고 어린이집 교사를 시작으로 자녀 교육에 관한 일들만 해왔다. 모두 내 아이를 제대로 잘 키우고자 하는 바람이었다. 여러 번의 시행착오를 겪으면서 배우고 깨닫고 여기까지 온 것이다. 코로나로 인해 직장을 그만두고 아이들을 돌보면서도 육아 서적을 놓지 않았다. 집에서 막내 한글을 가르치며 또 배웠고 노하우를 찾았다. 그렇게 찾은 노하우와 17여 년 동안 교육 일에 종사하면서 여기까지 온 것이다.

절대 내 아이와 다른 아이를 비교해서는 안 된다. 내 아이의 발달을 알고 아이의 성장 과정을 지켜보고 존중하며 내 아이에게 맞는 교육 방법과 양육 방식을 찾아야 한다.

- 3 -

엄마는 최고의 한글 선생님이다

결혼하기 전 나는 백화점 안내 데스크에서 근무를 했다. 안내 데스크에서는 유모차를 대여해준다. 나는 그 시간이 제일 좋았다. 예쁜 아가들을 많이 볼 수 있어서다. 백화점에서 근무하면서도 유치원 교사가 되고싶었다. 유치원 교사가 되는 대신 결혼을 일찍 해서 엄마가 되었다. 내아이를 잘 키우고 싶었다. 육아에 대해서 아무것도 모르는 엄마가 되고싶지 않았다. 어린 나이에 엄마가 되다 보니 친정엄마와 시어머니의 도움을 받으며 아이를 키웠다. 나는 아이에 대해 잘 알고 키우고자 보육교사가 되었다. 그렇게 교사라는 직업을 가졌다. 보육교사를 시작으로 유아특기교육 강사, 학습지 교사, 북 큐레이터를 거쳤다. 아이들 교육 관련 일만 17여 년을 했다.

첫째 아이가 다섯 살이 되니 시어머니는 한글을 가르치라고 하셨다. 나는 아이가 한글에 관심을 가지면 가르치려고 했다. 그런데 첫째는 전혀 관심을 보이지 않았다. 그래서 학습지를 선택해서 한글을 가르쳤다. 내가 학습지를 시킨다고 하니 시어머니는 "엄마가 선생인데 왜 애를 다른 사람한테 맡기니?"라고 하셨다. 나는 선생님이었다. 내 아이가 아닌 다른 아이들을 가르치는 선생님이었다. 내 아이에게는 그저 엄마였다.

아이는 엄마를 선생님으로 받아들이지 않는다. 엄마는 그저 엄마일 뿐이다. 아이를 먹이고, 입히고, 재우고 키워주는 양육자다. 물론 교육도 시킨다. 엄마가 선생님이 된다는 것은 중이 제 머리를 깎는 것과 같은 이치라 생각했다. 다른 아이는 가르쳐도 내 아이는 못 가르친다고 생각했다. 첫째를 키울 때만 해도 그렇게 생각했고 내 아이를 직접 가르칠 생각을 하지 않았다. 내 아이를 가르치다 보면 화가 나는 일이 생긴다. 그래서 더 못 가르치는 것이다. 내가 가르치는 아이들은 잘하는데 내 아이가 못한다는 생각이 들면 화가 나고 답답하다. 대부분의 엄마들이 나와 같았을 것이다. 그러니 학원을 보내고 학습지 선생님을 부르고 사교육을 시킬 것이다. 꼭 사교육을 시키는 이유가 이렇지는 않겠지만 그래도 엄마가 내 아이를 가르친다는 것은 쉬운 일이 아님은 분명하다.

엄마가 아이를 가르치는 것이 쉽지 않음에도 요즘 책들을 보면 '엄마표'라는 제목의 책들이 많다. 이 책도 『하루 10분 엄마표 한글 놀이』이다. 여기서 엄마표는 엄마가 아이를 붙들고 앉아 주입식으로 가르치는 것이 아니다. 엄마가 아이와 함께 놀아주고 책 읽기를 하고 아이와 소통하면서 함께 하는 것이다. 내가 10여 년 전 학습지 교사를 할 때만 해도 아이들을 가르치는 '티칭'의 교육을 했다. 이제는 태블릿으로 수업을 하면서 티칭이 아니라 '코칭'의 개념으로 수업을 한다. 태블릿 영상으로 수학 문제 푸는 법이나 영어 학습, 국어 학습 등 학교 교과와 연계된 과목을 배울 수 있다. 그래서 학습지 선생님이 와도 가르치는 것보다 아이가 스스로 잘할 수 있도록 방향을 잡아주는 코칭의 역할을 한다.

이렇게 학습지 선생님도 코칭의 역할을 한다면 엄마가 내 아이를 코칭하지 못할 이유는 없다. 어렵게 생각하지 말자. 한글을 배워야 하는 아이들의 연령은 어리다. 그러므로 그 연령에 맞는 놀이와 학습 방법을 찾으면 된다. 나는 막내 아이의 한글과 수를 다 가르쳤다. 막내를 가르칠 때 놀이를 통해서 가르쳤다. 엄마와 놀면서 배우니 아이는 더 즐거워했고, 엄마와 책상 앞에 앉아도 힘들어하거나 싫어하지 않았다. 형이 공부한다고 책상 앞에 앉으면 자기 공부 책을 꺼내 와서 옆에 앉기도 했다. 막내가 이렇게 한 것은 엄마와의 공부가 재미있기 때문이다. 나는 첫째와 책상에서 공부하는 것은 실패했다. 하지만 둘째와 막내는 잘해냈다. 아이들이 좋아하는 방법으로 접근했기 때문에 가능했다.

아이가 어릴 때는 동화 구연하면서 책을 읽어주고 책에 스티커를 붙이면서 책상에 앉는 연습을 했다. 연령에 맞는 학습 교재를 찾아 선 긋기부터 함께 했다. 책상에 앉아서 낱말 카드 찾기 놀이를 했다. 책상에 앉아서 하는 게 지루하면 거실에서 몸으로 놀면서 놀이를 했다. 아이가 재밌다고 더 하자는 말이 나오면 중단했다. 놀이에 재미를 느낄 때 멈춰야 다음에 또 하고 싶어 하기 때문이다. 그렇게 아이와 함께 놀아주었다. 놀면서 한글을 가르쳤다. 내 아이는 놀면서 한글을 배웠다.

"아이와 잘 놀아주는 부모가 되어야 아이가 한글 떼기도 쉽다."라는 말이 있다. 한글이라고 해서 아이를 꼭 가르치려는 생각을 버려라. 아이들은 놀이를 통해서 배운다. 놀면서 친구 관계도 배우고 놀면서 감정 표현하는 법도 배우고 놀면서 영어도 배우고 수학도 배운다. 하나라도 더 가르치려는 엄마의 욕심부터 버려야 한다. 가르치려는 순간 아이와 멀어지게 된다. 내가 첫째와 책상에 앉아 공부하는 것을 실패한 것은 첫째를 정말 말 그대로 가르치려고 했기 때문이다. 둘째와 막내는 책상에 앉아서 놀이를 했지만 첫째는 그렇지 못했다. 그래서 실패를 한 것이다. 이 책을 읽는 엄마들은 나와 같은 실수를 하지 않기를 바란다.

　내 아이를 가르치려면 인내심이 필요하다. 참고 기다릴 줄 알아야 한다. 초등 고학년 정도 되면 공부를 왜 해야 하는지 알고 있을 것이다. 하지만 어린 유아기의 아이들은 공부를 왜 해야 하는지 모른다. 또 노는 것이 더 좋다. 『우리 아이 첫 영어, 저는 코칭합니다』의 저자 이혜선은 이렇게 말했다. "때로는 아이가 스스로 공부하고 싶다고 마음먹는 데 오랜 시간이 걸릴 수 있다. 중요한 것은, 아이를 믿고 기다리면서 호흡을 조절하는 것이다. 어른들의 조급함과 거친 호흡은 아이들이 따라가지 못하게 하고 쉽게 지치게 한다는 것을 명심해야 한다." 나는 내 아이들과 놀이로 한글을 가르치면서 처음에는 네 개의 단어로 시작해서 여섯 단어, 여덟 단어로 늘려갔다. 아이가 단어를 인지하고 받아들일 수 있는 시간과 능력을 기다려준 것이다. 그렇게 기다려주니 아이는 힘들이지 않고 한글 공부할 수 있었다. 엄마가 아이의 심리 상태, 학습 상태에 따라 강약을 조절해야 한다. 이는 아이를 가장 잘 아는 존재인 엄마가 해야 할 일인 것이다.

　내 아이를 직접 가르치려면 가장 먼저 버려야 할 것이 있다.
　첫째, 내 아이가 매일 꾸준히 잘할 수 있을 거라는 기대를 버려라. 앞에 서도 말했듯이 아이는 엄마를 선생님으로 받아들이지 않는다. 매일 꾸준히 하루 10분이라도 매일 앉아 있는 연습부터 해야 한다. 스티커를 붙이든, 선 긋기를 하든, 색칠 공부를 하든 매일 책상 앞에 10분씩 앉아 있는 것부터 하다 보면 앉아 있는 시간은 조금씩 늘어난다. 또 아이 컨디션에 따라 잘하기도 하고 못하기도 한다.

둘째, 아이에게 한 번 가르쳤다고 기억할 것이라는 기대를 버려라. 어른도 한 번 들은 것을 기억하지 못한다. 아이도 마찬가지다. 그래서 반복 학습을 하라는 것이다. 한 번 가르쳐줬는데 모른다고 야단치면 절대 안 된다. 야단치는 순간 아이는 엄마와 공부하는 것을 거부한다.

셋째, 가르친 것을 확인하지 마라. 확인하되 방법을 다르게 하라. 재미있게 놀면서 확인하는 방법도 많다. 아이가 배운 것을 모른다면 또 알려주고 가르쳐줘라. 한 번 가르쳐줘도 모를 수 있다. 알 때까지 알려주고 가르쳐줘라. 아이에게 학습을 시키는 것은 중요하다. 하지만 아이가 흥미를 잃는다면 어떤 것도 하려 하지 않는다. 유아기에는 무엇이든 재미있고 흥미로워야 한다. 그래서 놀이 학습이 주를 이루는 것이다.

아이를 가르친다는 생각은 버려라. 가르친다는 생각을 갖게 되면 엄마도 부담이 되고 그 부담이 고스란히 아이에게 전달된다. 다양한 놀이로 함께 놀아줘라. 한글이든, 수학이든 놀면서 충분히 배울 수 있다. 아이가 좋아하는 놀이로 함께 놀아주며 가르치다 보면 아이는 자연스럽게 엄마와 함께 놀면서 배우는 시간을 즐길 것이다. 엄마와의 시간을 기다릴 것이다. 꼭 책상 앞에 앉아서 가르치는 것이 전부가 아니다. 내 아이가 진정으로 기쁘게 배우고 즐거워한다면 그것이 제대로 배우는 것이고 잘 가르치는 것이다. 내 아이를 가장 잘 아는 사람은 엄마다. 엄마는 내 아이에게 최고의 선생님이다.

우리 아이 한글 언제 시작할까?

학습지 교사를 하면서 상담이 들어온다.

상담을 가면 엄마들의 첫 질문은 이렇다.

"선생님, 아이들 한글은 보통 언제부터 시작하는 게 좋은가요?"라고 묻는다.

한글은 시작하는 정확한 시기는 없다. 아이마다 발달이 다르고 인지 능력이 다르고 환경이 다르기 때문이다. 다만 학교 입학하기 전에는 떼 는 것이 좋다.

한글 떼기에 중요한 건 엄마와의 상호 작용이다. 엄마가 아이와 어떻게 상호 작용하느냐에 따라 다르다.

아이가 태어나 옹알이를 시작한다.

옹알이하는 아이들에게 엄마들은 대부분 "오구오구 그랬쪄?", "아이~ 그래그래~!" 뭐 이런 식의 대꾸만 할 뿐이다. 아이가 옹알이하기 시작한다는 건 말을 할 준비를 하는 것이다. 신생아라고 해서 부모의 말을 못알아듣지 않는다. 표현을 못 할 뿐 사람의 말을 인지하고 있는 것이다. 그래서 영아기 때부터 아이에게 정확하게 말을 해주어야 한다.

아이들은 많은 말을 들을수록 언어 자극을 받기 때문에 엄마가 말을 많이 해주어야 한다. 아이에게 말을 해주는 것이 어렵다면 그림책을 읽어주는 것도 도움이 된다. 영아들 그림책은 글밥이 적다. 글밥이 적다고 읽어주지 못하는 것은 아니다. 그림을 보고 아이에게 이야기를 해주어도 좋다.

첫돌쯤이 되면 아이는 간단한 단어의 말을 할 수 있다.

엄마, 아빠, 물 등 발음은 정확하지 않지만 말을 하려고 애를 쓴다. 이때는 더 많은 언어 자극을 주어야 한다. 이 시기의 첫아이 부모들은 아이의 사교육을 고민하기도 한다. 하지만 너무 이른 사교육은 오히려 부작용을 낳을 수 있으니 신중해야 한다. 어린이집을 보내는 것은 괜찮지만 첫돌 프로그램 학습 같은 학습지 등은 지양한다. 학습지보다는 엄마와의 놀이나 책 읽기가 아이 정서에 가장 좋은 것이다. 이 시기부터는 사물인지를 다뤄줘야 한다.

사물인지가 되어 있지 않으면 한글 학습에 어려움이 따른다.

주변의 사물을 직접 관찰하고 이름을 알려주며 정확한 명칭을 알려준다. 특히 동물 같은 경우는 앞에 의성어를 붙여서 "멍멍멍 강아지, 야옹 야옹 고양이." 이렇게 말해준다.

대부분의 엄마들은 "얘는 멍멍이야, 꿀꿀이야." 하며 의성어를 동물의 이름처럼 알려준다. 이것은 정확한 이름이 아니기 때문에 한글을 배울 때 '강아지' 글자를 보면 '멍멍이'라고 말하기 때문이다.

내가 수업하던 교재는 낱말 카드 글자가 이미지로 되어 있었다. 아이들이 이미지 글자를 보고 사물을 연상시키며 학습하게 된다. 그러다 보니 동물 같은 경우에는 의성어로 동물의 이름을 말하는 경우가 다반사였다.

모든 사물의 이름을 정확하게 말해주고 가르쳐주는 것이 이처럼 중요한 것이다. 그리고 "우리 아가 맘마 먹자."라는 말보다는 "우유 먹자, 이유식 먹자." 등으로 말해주어야 한다.

이렇게 하는 말의 유형을 '유아어'라고 한다. 아이 연령에 맞게 눈높이에 맞춰서 이야기하는 것도 좋지만, 정확한 어휘를 사용하는 것이 무엇보다 중요함을 기억해야 한다.

한글을 떼는 나이는 제각각이다.

내 경우를 본다면 첫째는 글자에 관심이 생길 때 가르치려 했고, 둘째는 30개월에, 막내는 다섯 살에 한글을 가르쳤다.

이처럼 아이들마다 한글을 시작하는 시기는 모두 다르다. 여기서 중요한 것은 아이가 한글을 배울 준비가 되어 있어야 하는 것이다. 배울 준비가 되어 있는지 잘 모르겠다면 자연스럽게 글자에 노출시키면 된다. 책을 읽어주면서 글자와 자연스럽게 접하게 하고 또는 낱말 카드로 사물인지를 하면서 물 흐르듯이 편안하게 접하게 하자. 한글이라고 해서 학습하듯이 가르쳐서는 안 된다. 재미있게 놀면서 배워야 한다.

뇌과학 분야의 작가 다이엔 에커먼은 이렇게 말했다.

"놀이는 우리의 뇌가 가장 좋아하는 배움의 방식이다."

아이들에게 놀이는 인생의 축소판인 것이다.

학습지 교사 시절 오랜 시간 학습지를 해도 한글을 떼지 못한 7세 아이가 있었다.

아이의 엄마는 마음이 급했다. 엄마는 워킹맘이었고, 아이와 복습을 할 시간이 전혀 없었다. 나는 엄마에게 아이 복습까지 철저하게 해주기로 하고 과목을 늘려 학습 시간을 충분히 확보했다. 그리고 아이가 한글을 깨치는 것에 목표를 두기로 하고 아이 학습지를 다 풀지 못해도 괜찮다는 허락을 받았다.

나는 그 아이에게 폭풍 칭찬과 놀이로 재미있게 수업을 진행했다. 아이는 칭찬만 해주어도 자신감을 보였다. 6개월을 수업한 결과 아이는 한글을 읽기 시작했다. 받침 음가를 익히고 나니 글을 읽는 속도가 빨라졌다. 단어 학습을 하면서 한 글자 분리와 읽기를 함께 진행하고 한 글자를 하면서 자음의 음가를 익혔다. 그러더니 글자를 더듬더듬 읽었다. 학습 과목이 많은 만큼 보충 수업도 철저히 해주었고 아이와의 약속은 무슨 일이 있어도 지켜주며 동기 부여 했다. 그 아이 엄마는 아이가 한글을 읽는 것에 무척 만족해하셨다.

이처럼 한글을 늦게 시작해도 재미있고 동기 부여만 충분히 이루어진다면 문제될 것이 없다.

『초등학교 생활의 모든 것』의 저자 김지나 작가는 입학 전 가장 적당한 한글 수준을 제시했다.

"첫째, 한글을 보고 읽을 수 있는 수준이면 충분합니다. 1학년 수준의 글밥이 적은 동화책을 혼자 읽을 수 있으면 된다는 뜻입니다.

둘째, 한글을 보고 읽을 수 있는 정도면 충분합니다.

(중략)

아이에게 간단한 문장을 제시하고 똑같이 써보라고 했을 때, 큰 어려움 없이 쓸 수 있다면 적당한 수준입니다."

한글은 학교 입학 전까지 떼면 괜찮다. 너무 조급하게 생각하지 말고 편안한 마음으로 아이에게 한글을 접해주자. 엄마가 조급함을 느끼면 그 마음이 아이에게도 전달된다. 아이도 마음이 조급해지는 것이다. 조급함이 생기면 무엇이든 잘하기 어렵다.

한글을 시작하는 시기는 정해진 것이 아니다.

내 아이의 상황에 맞게 환경에 맞게 쉽고 재미있게 접하게 해주는 것이 중요하다.

먼저 환경을 만들어주고 아이가 부담을 느끼지 않도록 편안하게 할 수 있도록 하자. 영아기 때는 그림책을 많이 읽어줘라. 『EBS 당신의 문해력』에서는 "2014년 미국 소아과학회(AAP)는 '갓 태어난 신생아 때부터 소리 내어 책을 읽어줘야 한다'는 권고안을 내놓았다."라고 한다. 아이에게 책 읽기부터 시작해 환경을 만들어주자. 책 읽기의 중요성은 백번을 강조해도 지나치지 않다.

우리 아이 한글을 언제 시작할까? 고민이 된다면 책 읽기로 먼저 환경을 만들어라. 그리고 사물의 이름을 정확히 알려줘라. 아이가 좋아하는 놀이에 자연스럽게 한글을 노출시켜라. 과자 봉지, 간판 등을 한 번씩 읽어줘라. 여러 가지 방법으로 글자에 노출을 시키다 보면 언제 시작해야 할지 조금씩 보일 것이다. 한 가지 주의를 한다면 아이가 거부반응을 보이면 멈춰야 한다는 것을 기억해라. 이런 아이는 기다려줘야 하는 것이다. 조급해하지 말고 내 아이에게 적절한 타이밍을 잘 찾아보자.

- 5 -

많이 들어야 말이 트인다

엄마는 아기를 임신하면 태교를 한다. 보통 음악을 듣거나 태교 동화를 읽는다. 보통 0~2개월에 여러 기관이 모양을 갖추고 3~4개월에는 태반이 형성되고 급격히 뇌가 발달한다. 5~6개월에는 태동이 시작되면서 청각이 거의 완성되어 가며 뇌가 발달함에 따라 오감과 기억력이 발달한다. 7~8개월에는 시각 기관이 형성되고 청각 발달이 완성된다. 엄마의 배 속에서부터 들을 수 있기 때문에 음악을 들려주고 책을 읽어주며 태교를 한다. 아이가 태어나서 옹알이를 시작하면 엄마는 아이의 옹알이에 반응을 해준다. 아이가 엄마의 말을 다 알아듣지는 못해도 들을 수 있기 때문에 반응을 해주며 자극을 준다.

나는 첫째를 낳고 아이를 씻기고 재울 때 항상 음악을 들려주고 동화를 들려주었다. 24개월 전후의 아이들과 수업을 할 때도 아이들은 말을 못해도 나 혼자 수많은 말들을 하며 수업을 했다. 아이의 반응에 상호작용하며 수다쟁이처럼 많은 말들을 쏟아냈다. 일주일에 한 번 만나는 아이들이기에 최대한 많은 어휘들을 사용해서 수업한다. 아이들이 집에서 들을 수 있는 어휘들은 한정되어 있다. "우리 아가 맘마 먹자, 엄마랑 씻자, 이제 코 잘까?" 등 생활 어휘들만 듣는다. 교사들은 생활 어휘 외에 의성어, 의태어 등 많은 어휘들을 사용해서 아이에게 이야기한다. 그렇게 일주일에 한 번 만나 언어 샤워를 받는다. 몇 개월을 수업을 받고 나면 아이들의 말문이 트이는 것을 볼 수 있다. 그리고 짧은 말들을 시작한다. 물론 발음은 정확하지 않다. 하지만 표현하려고 애를 쓴다.

선생님과 수업하면서 들은 말과 행동을 따라 한다. "싱글싱글 싱글싱글 벙글벙글 벙글벙글 우리 모두 인사해요. 안녕하세요." (배꼽손 인사를 한다.) 아이를 만나면 두 손을 잡고 흔들면서 노래를 부르며 인사를 한다. 그러면 아이들은 내가 가면 이 인사법을 따라 하며 인사하고 집에서도 동생과 또는 형제들과 손을 잡고 나와 함께했던 인사 노래를 어설프게 부르며 따라 한다. 많이 들으면 들을수록 아이들은 다양한 어휘를 사용한다. 아이가 '엄마'를 말하기까지 1만 번을 들어야 할 수 있다고 한다. 그만큼 많이 들어야 어떤 말이든 할 수 있다. 엄마들이 아이에게 영어 환경을 만들어줄 때도 가장 먼저 하는 것이 듣기 환경이다. 듣기가 가장 먼저 선행되어야 말하기 읽기 쓰기가 가능한 것이다.

3년 전 나는 북 큐레이터를 했다. 아이들 책을 발달 단계에 맞게 추천해주고 책 환경을 만들어주는 일을 했다. 내 첫 번째 고객이 있었다. 그 당시 28개월 된 남자아이었다. 우리 막내와 같은 또래였다. 28개월이면 짧은 문장, 즉 3어절 정도의 말은 할 수 있어야 한다. 하지만 그 아이는 기본적인 말들 '엄마, 아빠, 물' 등 정도밖에 하지 못했다. 나는 북 큐레이터 신입이라서 상담을 구체적으로 하지 못해 팀장님의 도움을 받았다. 상담하는 과정을 옆에서 지켜보며 내가 경험했던 것들을 엄마에게 이야기해 주었다. 그 아이는 물이 먹고 싶으면 정수기 앞으로 간다고 한다. 그럼 엄마가 컵에 물을 따라주었다. 물을 주면서 그냥 주기만 했던 것이다. "정민이 물 먹고 싶어? 물 줄까?"라고 말을 해주어야 한다. 그렇게 들으면서 아이는 표현하는 방법을 배운다. 아이가 원하는 것을 표현하도록 엄마가 아이 입장에서 말을 해줘야 한다. "정민이 물 먹고 싶구나. 물 주세요~ 해볼까?"라며 아이가 말할 수 있도록 입 모양을 보여주며 들려줘야 한다. 이 아이는 그러한 표현들을 듣지 못하고 엄마가 먼저 아이에게 필요한 것을 챙겨주었던 것이다. 그러다 보니 아이는 표현의 기회를 놓쳤고 아이의 기질이 순하다 보니 엄마는 아이가 조용히 잘 놀고 있으니 크게 걱정하지 않았다. 우리 막내는 23개월이었다. 막내는 위로 형이 둘이나 있었고 엄마가 책을 읽어주며 상호작용을 해주고 표현할 수 있도록 입 모양을 보여주며 말했다. 같은 또래였다. 그 아이가 우리 막내보다 5개월 빨랐다. 하지만 언어 발달에는 우리 막내가 조금 더 빨랐다. 바로 환경의 차이다. 많이 들려준 것과 많이 들려주지 않은 것의 차이었다. 그 아이는 나에게 책 읽기 프로그램을 가입하고 많은 책을 읽도록 하고 엄마가 아이와 상호작용하며 놀아주고 이야기해주는 것들을 배워갔다. 그 엄마도 결국 나와 같은 북 큐레이터가 되어 아이 교육에 힘쓰게 되었다. 엄마의 노력으로 아이는 그림도 잘 그리고 언어 발달도 빠르게 이루어졌다.

나는 퇴근하고 나면 태블릿으로 책을 들을 수 있도록 틀어놓고 저녁 준비를 했다. 두 아이는 놀면서 태블릿의 책을 듣는다. 잠자리에서는 아이들이 좋아하는 책을 읽어준다. 꼭 한 권의 책만을 가지고 읽어달라 한다. 동물들은 어떻게 잠을 자는지에 대한 내용의 책이다. 『쿨쿨 잠이 좋아』라는 책을 매일 읽고 들려주었다. 정말 수백 번도 더 읽고 들었다. 그러던 어느 날 둘째가 책을 들고 책 내용을 읽기 시작했다. 그때 한글을 알기는 했지만 받침 글자는 모르던 때였다. 책 내용을 토씨 하나 안 틀리고 똑같이 말을 하는 것이다. 나와 남편은 놀라지 않을 수 없었다. 수없이 반복해서 읽고 들려주었던 책을 다 외우게 된 것이다. 매일 그 책만을 읽고 또 읽었다. 아이가 다른 책을 보려고 할 때까지 나는 기다려주었다.

우리 막내는 형보다 말을 빨리 시작했다. 막내는 어릴 때부터 책을 읽어주기 시작했고 둘째는 조금 늦은 감이 있었다. 그러다 보니 막내의 언어가 좀 더 빨리 발달했다. 언어뿐 아니라 언어 구사력과 표현력도 둘째보다 더 좋았다. 어린이집에서도 표현력이 좋다는 말을 많이 들었다. 지금도 둘째인 형보다 감정 표현하는 부분이 더 구체적이다. 나는 아이들에게 책을 읽어줄 때 글자만 읽어주지 않는다. 처음에 책을 꺼내 표지를 보며 어떤 내용인지 추측을 해보도록 한다. 표지 도입을 하는 것이다. 표지를 보며 아이들과 이야기를 나눔으로써 아이들은 책에 대한 호기심을 갖는다. 책을 읽는 중간중간에도 아이들과 이야기를 하며 읽는다. 그 다음 장은 어떤 이야기일지, 주인공에게 어떤 일이 일어날지 질문을 하면서 상상력을 자극한다. 그러면 책 읽기에 좀 더 집중을 하며 듣는다. 책을 읽을 때 가끔 둘째는 돌아다니거나 딴짓을 한다. 그래도 읽어주었다. 막내는 옆에서 끝까지 책을 보고 있다. 둘째가 다른 곳에 가서 관심을 두지 않아도 아이의 귀는 열려 있다. 그래서 끝까지 최선을 다해 읽어준다. 그렇게 돌아다니던 둘째도 귀는 열어놓았기 때문에 책 내용을 다 알고 있는 것이다.

아이들의 귀는 항상 열려 있다. 엄마, 아빠가 아이가 옆에 있는 줄 모르고 무심코 나눈 이야기도 아이들은 집중하지 않아도 다 듣는다. 그리고 들었던 내용을 질문하기도 한다. 그럼 엄마, 아빠는 "너 그 얘기 어디서 들었어?"라고 묻는다. 우리 남편은 술을 많이 마신 다음 날 입버릇처럼 말한다. "아~ 이제 다시는 술 안 마실 거야." 이 이야기를 아이들이 들었다. 거실에서 둘이 노는 것처럼 보였지만 우리 두 아이들은 아빠의 말을 듣고 있었다. 그리고 아빠가 다음에 또 술을 마시면 아빠는 거짓말을 했다고 한다. "아빠가 무슨 거짓말을 했어?"라고 물으면 "아빠는 술 안 마신다고 했는데 또 마셨잖아요."라며 말한다. 남편은 아이들과 술을 안 마시겠다고 약속한 적이 없다. 혼잣말로 한 것이다. 그런데 우리 아이들은 그 말을 듣고 아빠를 지켜보았던 것이다.

아이들은 안 듣는 것 같아도 어디서든 다 듣고 항상 귀를 열어둔다. 엄마, 아빠의 이야기를 무심코 듣기도 하고 어린이집, 유치원에서 선생님의 말씀들도 귀담아듣는다. 그만큼 듣기는 중요하다. 특히나 말을 배워야 하는 시기에는 더 그렇다. 내가 수업을 하면서 쉬지 않고 아이에게 수다를 떨 듯 이야기한 것처럼 엄마도 수다쟁이가 되어야 한다. 선생님은 일주일 한 번 15분만 만나지만 엄마는 매일 24시간을 함께한다. 아이에게 더 많은 말을 들려줄 수 있다. "나는 내성적이라 말이 별로 없어요."라고 할 수 있다. 나도 내성적인 성격이다. 하지만 아이에게는 수다쟁이가된다. 하루 종일 어린 유아들과 수업을 하고 오면 말하는 것조차 힘이 든다. 그래도 내 아이가 어리기 때문에 집에서도 책을 읽어주고 아이의 말에 반응해주며 또 수다쟁이가 된다.

　내 아이가 빨리 말하기를 바라는가? 그럼 엄마가 많은 말을 들려줘라. 아이의 행동 하나하나에 반응해줘라. "어머~! 우리 정민이 응가했구나. 뽀송뽀송 기저귀 갈자.", "우리 맛있게 밥 먹어볼까? 자~ 비행기 숟가락이 날아갑니다! 슝~~! 쏘~옥.", "우리 정민이 뽀득뽀득 씻으니까 기분 좋지? 아이~ 개운해!" 이렇게 의성어, 의태어를 사용하며 아이에게 언어 자극을 줘라. 많이 듣는 만큼 말하게 된다. 영어도 많이 들려주며 말문을 트이게 하듯 우리말도 많이 들어야 말문이 트인다. 또 한글 배울 때도 도움이 된다. 아이들은 무엇이든 자극을 주는 만큼 발달하게 되어 있다. 도저히 말하는 게 어렵다면 책을 많이 읽어줘라. 책을 읽으면서 그림을 보고 이야기를 해도 좋다. 다음 내용을 추측해보며 이야기를 나눠라. 책에는 다양한 어휘들이 나온다. 책만큼 좋은 도구는 없다. 또 엄마 목소리만큼 아이에게 안정을 주는 것은 없다. 엄마의 따뜻한 목소리로 들려주길 바란다.

6

영어는 쉽게 배우는데 왜 한글은 어려워할까?

아이들을 등교, 등원시키고 서점에 들렀다. 자녀 교육에 관심이 많다 보니 자녀 교육서에 눈길이 간다. 독서법, 영어 교육법, 수학 교육법 등 다양한 자녀 교육서들이 나란히 꽂혀 있다. 그중에서 '엄마표'라는 단어가 눈에 많이 띈다. '엄마표 영어', '엄마표 독서법', '엄마표 수학 놀이'… '엄마표'가 대세다.

『우리 아이 첫 영어, 저는 코칭합니다』의 저자 이혜선은 말한다. "현재의 엄마표 공부법에 많은 엄마들이 솔깃한 듯하다. 집에서 손쉽게 따라 할 수 있고, 경제적인 부담도 없기 때문이다. 게다가 아이를 가장 잘 파악하고 있는 사람은 엄마인데, 엄마와의 교감을 통해 영어 실력이 좋아질 수 있다고 하니 솔깃하지 않을 이유가 없지 않은가? 게다가 실제로 엄마표 영어를 바탕으로 실력을 쌓은 사례들이 알려지면서 엄마표 영어에 대한 엄마들의 '믿음'은 더욱 탄탄하게 굳어졌다." 이처럼 엄마표 영어에는 많은 관심과 노력을 기울인다. 엄마표에 관심이 쏠린다는 것은 엄마도 충분히 아이들을 집에서 가르칠 수 있기 때문이다.

나는 내 아이들에게 엄마표 한글을 가르쳤다. 한글 교육에 관련된 책을 찾으려고 하는데 한글 관련 책은 학습지가 대부분이다. 한글을 가르치는 방법이나 노하우에 대한 책들은 찾을 수 없었다. 반면 영어에 대한 책들은 많았다. 영어는 학원도 많고 학습 교재도 많고 엄마표 영어도 많다. 영어는 외국어이기 때문에 배우기 어렵다는 생각에 영어 교육에 관심을 갖고 잘 가르치려고 애쓴다.

한글은 모국어다. 모국어라서 언제든 어떻게든 배우고 깨치게 된다는 인식이다. 맞다. 한글은 언제 배워도 깨칠 수 있고 어떻게든 배우게 된다. 그런데 정작 영어를 가르치는 방법에 대해서는 많이들 알고 있다. 한글을 가르칠 때는 흔히들 한 글자 '가 나 다 라'부터 가르친다. 이 방법이 잘못된 것은 아니다. 언어를 가르치는 방법은 대부분 비슷해서 한글도 엄마표로 충분히 가르칠 수 있다.

10여 년 동안 학습지 교사를 하면서 나에게 한글을 배운 아이들은 수백 명이다. 그 아이들 부모님들 중에는 의사, 판사, 변호사, 은행 지점장 등 재력과 학식이 있는 부모님들이 많았다. 그 아이들은 국제학교를 다니거나 꽤 유명한 영어 교육 학원을 다니는 아이들도 있었다. 그렇게 사교육에 투자를 많이 하고 있다. 이런 교육을 받은 아이들은 영어와 수학은 정말 수준급으로 잘한다. 반면 한글과 국어는 학원을 다니지 않고 학습지를 한다.

왜 그럴까? 한글과 국어는 학원에서 배우기가 어렵기 때문이다. 중고등학생은 국어학원이 있다. 어린 유아나 초등은 한글이나 국어를 교과과정에 맞게 배울 수 있는 곳이 적다. 그러니 학습지를 하거나 부모가 가르쳐야 한다. 학식이 뛰어난 부모들도 한글을 가르치기 어려워한다. 부모들 세대처럼 한글을 가르치면 요즘 아이들은 흥미를 갖지 못하고 아이가 따라주지 못하니 부모는 속을 태운다. 나는 어린이집에서 특강으로 6~7세 아이들 한글과 수학을 가르쳤다. 나도 방법을 몰라 옛날 방식으로 한글을 가르쳤다. 그러니 아이들이 아무리 수업을 듣고 배워도 모르는 것이다.

깍두기 노트에 '가 나 다 라'부터 쓰고 외우게 하니 아이들은 힘들고 재미도 없고 하기 싫어한다. 학식이 뛰어난 부모들도 아이들에게 한글을 가르친다면 아마 우리 부모 세대가 배운 대로 가르칠 것이다.

영어 교육에 대한 부모들의 관심은 아주 뜨겁다. 아이를 낳고 키우면서 가장 먼저 고민하는 사교육이 영어다. 언제부터 영어를 가르쳐야 할지 고민하고 알아본다. 조기 유학을 보낼까, 어학연수를 보낼까, 원어민 교사를 부를까, 유명 학원을 보낼까 고민이 많다. 영어를 배울 수 있는 환경은 너무 잘되어 있다. 우리 부모 세대에는 영어를 주입식으로 학문으로 배웠다. 하지만 요즘은 그렇게 아이들을 가르치지 않는다. 영어 교육에 대한 정보를 어디서든 쉽게 얻을 수 있고 엄마는 아이에게 영어 노래를 들려주거나 영상을 보여주며 영어 환경에 노출시킨다.

『우리 아이 첫 영어, 저는 코칭합니다』에서는 "유아기에는 사고력을 키워주기 위해 다양한 경험을 하게 해주거나 한글책을 읽어주는 것이 더 좋다. 모국어 수준을 최대한 끌어올려놓으면 영어를 조금 늦게 시작해도 실력이 빨리 성장한다. 중요한 것은 시작점이 아니라 최종 결과다."라고 했다. 또 "언어 재능이 있는 아이라면 조기교육을 통한 다중 언어를 시작해도 되지만 굳이 추천하지는 않는다. 언어적 재능이 있는 아이라면 시작 시기와 상관없이 빠른 시간에 성장할 수 있기 때문이다. 영어보다 중요한 것은 생각하는 힘, 즉 사고력이다."라고 한다.

나이가 어릴수록 영어 습득이 뛰어난 것은 아니라는 말이다. 그러니 너무 어릴 때부터 영어 교육을 하지 않아도 괜찮다. 국어 실력이 충분하지 않으면 영어를 한국말로 해석해서 이해시키는 데 많은 시간과 노력이 필요하다. 영어 교육을 서두르기 전에 아이에게 충분히 책을 읽어주고 모국어를 충분히 습득할 수 있도록 하자. 요즘 초등 교과 과정에 영어 과목이 있기 때문에 초등학교에 가서 시작해도 늦지 않다.

『엄마표 영어 이제 시작합니다』의 저자 한진희는 엄마표 영어 8년을 거치며 국내에서만 미래를 고민하지 않아도 좋을 만큼 영어가 안정적이었다고 한다. 이 저자의 자녀는 7세까지 영어에 노출하지 않았고 엄마표 영어로 16세에 해외 대학에 입학했다고 한다. 이렇듯 엄마표로 아이를 훌륭하게 가르치는 방법은 많다. 영어 교육 시장에서 흔들리지 말고 엄마가 아이를 객관적으로 보고 교육하는 힘이 필요하다. 이렇듯 영어 시장은 넓고 언제 어디서든 쉽게 가르칠 수 있다. 그 전에 아이가 모국어를 충분히 배울 수 있도록 힘써보자.

한글을 어떻게 시작해야 하는지 고민이 되는가? 충분히 고민될 수 있다. 나도 첫아이 때 고민했고 방법을 몰라 학습지를 선택했다. 이 책을 선택한 엄마라면 충분히 잘 가르칠 수 있다. 내 아이에 대해 고민하고 방법을 찾고 있다는 뜻이다. 내 아이를 엄마표로 한글을 가르치기 위해서는 엄마의 확신과 계획이 필요하다. 그리고 내 아이의 성향도 잘 알아야 한다. 그 다음 내 아이에게 맞는 방법을 찾아라. 이 책에서는 아이와 함께 하는 놀이법도 알려준다. 놀이법에 대해 잘 인지를 하고 내 아이에게 맞는 놀이법을 선택해서 함께 놀아줘라. 또 엄마가 아이와 놀아줄 수 있는 방법을 찾아봐도 좋다. 내 아이를 가장 잘 아는 사람은 엄마니 아이가 무엇을 좋아하고 잘하는지 알 것이다. 혹시나 도저히 아이와 놀아주는 것이 힘들어서 학습지를 선택해야 한다면 학습지 선택하는 법도 알려주겠다.

학습지를 선택할 때 가장 먼저 고려해야 할 것은 아이의 연령이다. 학습지를 시작해도 좋을 나이인지 아이가 어리다면 유아 전문 교사가 오는지 점검한다. 그리고 교재와 커리큘럼을 살펴라. 교재는 재미있게 구성되어 있는지 커리큘럼은 체계적인지 알아야 한다. 요즘은 학습 태블릿으로 수업하는 경우가 많다. 태블릿은 약정이 걸려 있기 때문에 신중하게 생각해서 결정해야 한다. 학습 태블릿을 할 경우에는 콘텐츠가 다양한지 보고 아이가 스스로 조작할 수 있는지도 봐야 한다. 엄마가 아이와 복습하기 어렵다면 태블릿으로 아이가 놀면서 학습할 수 있도록 해야 한다. 우리 둘째의 경우는 학습 태블릿으로 한글을 배웠다. 연년생 동생도 있고 집안 일이 많아서 아이를 봐주지 못할 때에는 학습 태블릿을 가지고 놀게 했다. 조작이 쉬우니 네 살 아이도 혼자서 한글 학습 노래도 듣고 낱말 맞추기도 하고 그림도 그리면서 스스로 복습을 했다. 이것들을 모두 고려해서 선택해야 한다. 또 중요한 것은 방문 선생님이다. 선생님이 내 아이와 잘 맞는지 아이가 선생님을 좋아하는지도 간과할 수 없다. 교육 콘텐츠가 아무리 좋아도 선생님과 맞지 않으면 아이는 수업을 거부할 수도 있다.

시중에 판매하는 학습 교재를 선택할 경우에는 쓰기는 가장 나중에 하라. 아직 소근육의 발달이 다 되지 않았기 때문에 연필 잡는 것을 힘들어한다. 스티커를 붙이면서 재미있게 학습할 수 있는 것을 찾아라. 학습 교재가 마땅하지 않다면 낱말 카드를 활용해라. 낱말 카드는 종류가 다양하다. 낱말 카드의 양이 많다고 무조건 좋은 것은 아니다. 낱말 카드의 한 면은 먹 글자가 있고 한 면은 그림과 이미지가 있다. 이미지가 실물 이미지인지 그림 이미지인지 보고 실물 이미지를 선택하라. 그림 이미지는 추상적이기 때문에 그림과 실물이 다르면 아이가 혼돈할 수 있다. 카드가 아이 생활과 밀접한 관련이 있는 단어들로 구성되어 있는지도 보아라. 보통 낱말 카드는 교통수단, 동식물, 과일, 생활용품 등으로 구분되어 있다. 동식물에서는 아이들이 쉽게 보고 접할 수 있는 것들인지도 점검해야 한다. 예를 들면 '엉겅퀴, 씀바귀, 갈대'처럼 아이가 쉽게 볼 수 없는 것들이라면 낱말을 익히는 것도 어렵다. 또 안전을 위해서 코팅은 잘되었는지 모서리는 뾰족하지 않은지까지 꼼꼼하게 살펴본다.

엄마표 한글을 가르치는 것은 어렵지 않다. 이 책에 나와 있는 방법대로 한다면 충분히 엄마가 할 수 있다. 그래도 어렵다 생각되면 나에게 연락해라. 궁금한 것에 대해 성실히 답해줄 것이다.

7

한글 공부는 무조건 즐거워야 한다

"가나다라 랄랄랄 랄라 마바사아 아~하! 재미있게 깨치깨치 신나게 깨치깨치." 한글 수업을 들어가기 전 아이들과 부르는 노래다. 수업을 시작하기 전 아이들의 흥을 돋우고 재미를 주기 위해서 노래한다. 아이들은 신나서 율동과 노래를 따라 한다. 분위기를 기분 좋게 띄우고 교재의 도입 동화를 재미있게 읽어주며 스티커를 붙이고 낱말을 익힌다. 한글을 처음 시작할 때는 사물인지를 3주 정도 하고 4주차부터는 통 문자를 배운다. 낱말 카드가 이미지 글자여서 아이들은 어렵지 않게 수업에 참여한다.

28주차부터는 한 글자 학습이 시작된다. 이제 아이들에게 한글 학습의 고비가 온다. 의미 없는 한 글자를 배우는 것은 너무 어렵다. 재미있는 놀이와 함께해도 한 글자는 재미없다. 이 시기에 한글을 포기하고 그만 두는 경우가 많다. 하지만 이 고비를 잘 넘겨야 한글을 빨리 깨칠 수 있다. 한 글자 학습이 시작되면 아이들이 흥미를 잃지 않도록 더 최선을 다하고 다양한 놀이법을 생각한다.

수업이 끝나면 엄마들과 상담을 한다. 이번 주 수업은 어떤 내용인지 아이가 어떻게 참여했고 효과는 어떠했는지 자세히 이야기한다. 복습에 대해 어떻게 해줘야 하는지도 상담한다. 가끔 엄마들은 이렇게 말한다. "선생님, 우리 아이는 선생님이랑 수업하면 좋아하는데 저랑 같이하는 건 싫어해요." 나는 엄마에게 아이와 어떤 방법으로 복습했는지 묻는다. 엄마들은 교재가 남는 것을 싫어하고 아까워하다 보니 교재에 집중을 하고 다 풀어야 한다는 강박관념을 갖고 있다. "어머니, 교재에 너무 매달리지 않으셔도 돼요. 한글을 배우는 목적은 아이가 글자를 깨치는 거잖아요. 그러니 그 목적에 맞게 아이와 놀아주세요. 매주 제공되는 낱말 카드만 활용하셔도 충분히 복습을 할 수 있어요."라며 낱말 카드 활용법을 알려준다. 아이들은 나와 수업하고 나면 엄마랑 복습을 하려고 하지 않는다. 엄마는 공부의 개념으로 접근하기 때문이다. 선생님은 놀아주는데 엄마는 공부를 하려고 하니 재미가 없는 것이다.

나는 막내에게 한글을 가르치면서 "공부하자."라는 말을 사용하지 않았다. '공부하자'는 말은 책상 앞에 앉아 책을 펼치고 오래 해야 하는 느낌을 가져온다. 그리고 아직 공부라는 개념을 잘 모르는 나이었다. 공부라는 것을 너무 일찍 느끼게 해주고 싶지 않았다. 엄마랑 재미있게 놀면서 배우는 것을 즐기도록 하고 싶었다. 막내는 책상에 앉아서 나에게 한글을 배우지만 힘들어하거나 싫어하지 않았다. 엄마가 이끌어주는 대로 또 스스로 하고 싶은 놀이를 선택해서 하도록 했다. 막내와 함께 한글 공부를 하는 시간은 최대 30분을 넘지 않았다. 오랜 시간 한다고 해서 효과가 있는 것도 아니다. 짧은 시간을 해도 그날의 분량만 소화한다면 문제가 되지 않는다.

초등 저학년까지는 공부에 흥미를 느낄 수 있도록 해야 한다. 학년이 올라갈수록 배움의 내용이 어려워지기 때문에 흥미가 떨어지면 공부하는 것 자체가 힘들어진다. 나는 내 아이들에게 수학도 가르쳤다. 수학은 일상생활 속에서 접할 수 있도록 했다. 간식을 먹으면서 가르기와 모으기도 연습했다. 사물을 비교할 때도 정확한 용어를 사용하면서 이야기를 해준다. "수민이 책이랑 정민이 책이랑 누구 책이 더 두꺼울까? 누구 책이 더 얇을까?", "책상과 의자 중에 어떤 것이 더 높을까? 낮을까?", "책상 위에는 뭐가 있지? 아래에는 뭐가 있지?" 이렇게 일상생활에서 사용할 수 있는 어휘들을 사용하며 비교 놀이를 했다. 두 아이가 블록 놀이를 할 때에도 정확한 어휘들을 사용하며 아이들에게 반응해주었다. 내가 이렇게 하는 것은 아이들이 자연스럽게 수학 어휘들을 익힐 수 있도록 하기 위함이다. 연산 문제를 공부할 때도 구체물을 이용해서 양의 개념을 익히도록 했다. 구체물을 사용하면 아이들은 더 집중한다. 자기가 손으로 구체물들을 만져보면서 눈으로 양을 확인하면 구체물의 양이 연상되면서 손가락을 사용하지 않아도 연산 학습을 할 수 있다. 아이들은 무엇이든 재미있게 놀면서 배워야 한다.

『3살 때 망친 영어 평생을 괴롭힌다』의 저자 김은희는 아이가 영어를 즐기도록 만들라고 하며 이렇게 강조한다. "어린아이들에게 영어는 '공부'가 되어서는 안 됩니다. 아직 학습 능력도 제대로 갖춰지지 않은 아이들을 상대로 주입식 공부를 시키지 마세요. 즐겁게 영어를 배워야 합니다. 엄마의 영어 콤플렉스를 아이에게서 풀려고 하거나 자신이 배우던 방법으로 아이들에게 영어를 가르치려고 하지 마세요." 이 말은 단지 영어에만 국한된 것이 아니다.

한글도 마찬가지다. 우리 부모 세대가 한글을 배울 때에도 주입식으로 배웠다. 무조건 '가나다라'부터 읽고 써야 한다며 그렇게 가르쳤다. 나도 어린이집 교사 시절 그랬다. 한글 특강 수업을 하면서 무조건 읽고 쓰면서 외우도록 가르쳤다. 아이들은 손가락 근육이 덜 발달되어 연필을 잡고 오래 쓰는 것이 힘들었을 것이다.

엄마들은 말한다. "엄마가 어릴 때 제대로 못 배워서 내 아이는 뭐든 다 가르치겠다."라고 말이다. 엄마가 못 배운 한을 아이를 통해 풀려고 한다. 요즘은 배우고 싶은 것은 언제 어디서든 배울 수 있다. 직업에도 많은 변화가 일어나고 있어서 굳이 '사' 자가 들어가는 직업을 갖지 않아도 된다. 그저 아이를 한 인간으로서 존중하고 다름을 인정해주어야 한다. 엄마는 엄마고 아이는 아이다. 『하루 10분 놀이 영어』의 저자 이지혜는 "영어를 익히는 것은 아이가 자유롭게 구사하기를 바라는 것이므로 배우는 과정 또한 기쁨과 즐거움이 함께해야 한다."라고 한다. 무엇을 배우든 배우는 목적을 먼저 생각하고 기쁘고 즐겁게 배울 수 있도록 만들어줘야 한다.

어느 날 둘째가 구구단을 배우고 싶다고 한다. 아직 학교에 입학하지 않았는데 궁금했던 것 같다. 나는 어떻게 가르쳐줘야 할지 고민했다. 무조건 노래를 부르며 외우게 하고 싶지 않았다. 그것은 구구단의 원리를 모르고 노래로 읊조리는 격이다. 1학년 과정에서 묶어 세기의 과정이 나온다. 나는 둘째에게 기본 연산까지만 가르쳐놨고 시계 보기까지 가르쳤다. 아직 묶어 세기에 접근하지 않아서 덧셈으로 설명했다.

"수민아, 2+0이 뭐지?"

"2예요."

"그럼 2+2는 뭐야?"

"4요."

"그래 맞아. 그럼 2+0은 2를 몇 번 더한 거야?"

"한 번이요."

"응, 한 번 더했어. 그리고 2+2는 2를 두 번 더했어. 이렇게 더하는 수가 많아지면 계산하기 어렵게 돼. 그래서 곱셈을 하는데, 2를 한 번 더하면 2×1이 되는 거야. 그럼 2×1=2가 된단다. 그리고 2+2는 2를 두 번 더했지. 그래서 2×2가 되고 2를 세 번 더하면 2×3이 되는 거야. 2단은 2씩 커지는 수가 돼."

이렇게 원리를 설명하고 2단을 쭉 써주면서 가르쳤다. 둘째는 2단을 어렵지 않게 외웠다. 그리고 시계 보는 법을 배웠기 때문에 5씩 커지는 수를 이해하고 있어 5단도 금방 외웠다. 나는 초등학교 2학년 때 무조건 노래를 부르며 구구단을 외웠다. 지금도 노래를 부르며 외우도록 한다. 노래로 외우면 운율감이 있어서 재미있어 쉽게 외운다. 쉽게 외우고 원리까지 이해한다면 곱셈에 대한 이해가 더 잘될 것이다. 한글은 재미있게 놀아주며 가르치고 수학은 일상생활 속에서 아이가 구체물을 만지며 수에 대한 연상을 하도록 했고 나무 블록으로 공간 지각력에 대한 이해를 도왔다. 아이들은 놀이를 통해서 배운다. 또 스스로 체험하고 경험하면 더 쉽게 받아들이고 인지한다. 한글 공부도 그렇다. 무조건 읽고 쓰면서 배우는 것이 아니라 엄마와 아빠와 몸으로 놀면서 즐겁게 배울 수 있다. 또 아이들에게 있어서 배움이란 즐거워야 한다. 즐거움을 통해서 배움의 기쁨도 느낀다. 내가 이 책을 쓸 수 있도록 지도해주신 김태광 코치님은 항상 "즐겁게 하세요."라고 말씀하신다. 공부든 일이든 내가 즐거워야 능률이 오르고 효과가 있다. 우리 아이가 한글 공부를 즐겁고 재미있게 할 수 있도록 엄마가 함께 놀아줘라. 한글도 충분히 즐겁고 쉽게 배울 수 있다는 것을 기억하자.

2장

진작에
한글을 이렇게
가르쳤더라면

영어보다 모국어가 먼저다

잠실 아파트 단지 수업을 다니고 있었다. 한 집 수업을 마치고 이동 중이었다. 짧은 머리에 세련된 옷차림의 여자분이 나를 불렀다.

"저 여기 학습지 선생님이세요?"

"네~ 어머니~ 제가 이 아파트 단지 담당하고 있습니다."

"아~! 그래요. 선생님 혹시 저희 집에 좀 와주실 수 있을까요?"

"네~ 그럼요. 지금은 제가 수업 이동 중이라 바로 방문은 어렵습니다. 연락처 주시면 약속 잡고 방문 드릴게요."

연락처를 받고 약속을 잡아 방문했다.

일곱 살 남자아이가 학교에 가야 하는데 국어가 부족하다며 국어 과목 상담을 요청했다. 이 친구의 이름은 세준이(가명)였다. 세준이의 가족은 호주에서 한국에 온 지 얼마 되지 않았다고 한다. 세준이는 'tree'가 '나무'라는 것을 모른다. 오랜 기간 외국에서 생활하다 보니 영어는 잘하지만 영어와 한국어를 연결하지 못했다. 세준이의 어머니는 국어 수업을 나에게 의뢰했다. 이 아이와의 수업은 매주 난관에 부딪혔다. 수업 태도도 좋지 않았고 비협조적이었다. 이 아이와 수업을 제대로 하는 선생님이 없었다고 한다. 세준이는 나와 수업하면서 수업 태도도 점점 좋아졌고 국어 실력도 좋아졌다.

세준이처럼 일찍 해외에 가서 살다가 왔거나, 조기 교육을 위한 유학을 다녀온 아이들은 영어는 정말 잘한다. 하지만 이처럼 모국어는 어려워하는 현상이 나타나기도 한다. 외국어를 유창하게 잘하는 것은 너무 좋다. 하지만 외국어를 먼저 배우기 전에 모국어를 먼저 제대로 배운 후에 외국어를 배워도 늦지 않다. 아이들은 배우는 것을 스펀지처럼 쏙쏙 잘 흡수한다. 어리면 어릴수록 더 그렇다. 외국어를 일찍 가르치는 것이 나쁘다는 말이 아니다. 일찍 가르치되 모국어를 먼저 가르치거나 모국어와 외국어를 연결해서 가르쳐야 한다는 것이다. 외국어는 잘하는데 모국어를 어려워하거나 'tree'가 '나무'라는 것을 알지 못한다면 한국인으로서 부끄러운 일일 것이다.

국어, 수학, 연산, 책 읽기, 창의력 수업 등 많은 과목을 수업받는 여섯 살 채연이(가명)가 있었다. 채연이는 조금만 재미있게 해주면 꺄르르 꺄르르 웃음이 터지는 아이다. 수업 과목이 많다 보니 1시간 정도 앉아서 나와 공부한다. 여섯 살 아이가 1시간이면 꽤 긴 시간을 앉아 있는 것이다. 그래도 재미있어하고 내가 오는 시간을 기다린다. 채연이는 숙제도 완벽하게 잘해놓고 수업했던 교재도 버리지 않고 다 모아놓으며 진도를 꼼꼼하게 체크하기도 했다.

어느 날 채연이의 어머니와 상담하던 중 어머니는 채연이가 문제의 지문을 잘 이해하지 못하는 것 같다고 했다. 나는 어머니에게 독해 과목을 추천해드렸다. 독해 과목에 대해 설명을 드리니 당장 하겠다고 하셨다. 채연이는 나와 수업하는 과목이 더 늘어났다. 그렇게 6개월을 수업을 했다. 어느 날 채연이의 수업을 갔는데,

"선생님, 채연이가 영어 독해 시험을 너무 잘 봤어요! 국어 독해 수업을 하고 난 뒤부터 영어 독해도 잘하게 되더라고요. 정말 신기해요. 선생님 덕분에 채연이가 영어까지 잘하게 되니 정말 너무 감사해요!" 하며 내게 감사하다는 말씀을 하셨다.

나는 채연이에게 문제의 지문을 이해하고 글의 독해력을 키워주고자 독해 과목을 추천해드렸다. 독해를 6개월 정도 하다 보니 영어의 독해도 잘하게 되었다는 인사까지 듣게 되었다. 모든 언어는 연결되어 있다. 국어를 잘하는 아이는 영어도 잘한다. 국어를 잘하면 수학도 잘하고 사회도 잘한다. 국어는 모든 과목의 뿌리가 되는 과목이다. 한글을 다 읽고 쓴다고 해서 국어와 연결을 하지 않는다면 다른 과목의 학습에도 지장이 생긴다.

『하루 10분 놀이 영어』의 저자 이지혜는 아래와 같이 말한다.

"영어를 잘하는 아이들에게는 공통점이 있다. 바로 뛰어난 모국어 구사 능력이다. 즉 한국말을 잘하는 아이가 영어도 잘한다는 뜻이다. 요즘 대한민국 영어 조기 교육 열풍이 뜨겁다. 영어도 중요하나 더 중요한 점은 바로 모국어 교육이다.

(중략)

모국어를 잘하는 아이라고 해서 모두가 영어를 잘하는 것은 아니지만, 영어를 잘하는 아이의 대부분이 한국어를 잘한다는 것은 맞는 것 같다. 영어를 일찍 시작한 아이도 영어 실력이 모국어 수준 이상으로 잘하기 힘들다. 모국어가 완전히 자리 잡아야 그것에 기반을 두고 외국어인 영어도 늘 수 있다."

내가 학습지 교사 시절 여러 과목을 입회하기 위해서 엄마들에게 이렇게 상담했다.

"어머니, 아이들은 스펀지와 같아서 뭐든 가르치는 대로 쏙쏙 잘 흡수합니다. 어릴수록 더 그렇지요. 한글을 배운다고 해서 영어를 못 배우는 것은 아닙니다. 두 언어를 같이 배워도 혼동하지 않고 잘 배울 수 있습니다. 두 과목을 같이 공부하다 보면 어느 한 과목이 뒤처질 때가 있어요. 그럴 때는 다른 과목이 동기 부여가 돼서 학습에 흥미를 이끌어줄 수 있습니다."

이 얘기는 한글과 영어를 같이 학습해도 좋다는 얘기였다. 물론 그렇다. 다만 주의해야 할 것은 한글과 영어를 잘 연결해주어야 한다. 위의 사례 세준이처럼 한국어와 영어가 연결이 안 되면 오히려 역효과가 나타날 수 있다.

『우리아이 첫 영어, 저는 코칭합니다』에서는 "아이들을 지도하다 보면 어린 나이에도 높은 수준의 한국어 책을 읽는 아이들이 있다. 초등학교 2~3학년 정도밖에 안 된 아이가 부모님이 읽는 책을 어렵지 않게 읽는 경우를 종종 본다. 이런 아이는 대부분 모국어 발달 수준이 높다. 경험으로 미루어볼 때 모국어 발달 수준이 높은 아이는 영어 공부를 일찍 시작해도 실패하는 경우가 거의 없다. 아이들은 모국어인 한국어 수준만큼 영어를 이해하고, 한국어 수준만큼 영어 수준을 높일 수 있기 때문이다."라고 강조한다.

영어 교육에 관한 책에서도 이처럼 모국어의 중요성을 많이 강조한다. 그만큼 모국어가 중요하기 때문이다. 현장에서 영어를 가르치는 교사들도 모국어의 중요성을 말하고 있다. 영어 해석을 할 때 모국어에 대한 이해가 부족하면 영어 해석도 어렵다고 한다. 모국어의 말뜻을 정확히 알아야 영어 해석도 이해가 쉽다는 얘기다. 아이들의 언어 발달에 도움이 되는 것은 한글 책을 많이 읽는 것이다. 어릴 때부터 한글 책을 많이 읽는 아이는 언어 감각이 발달되며 책을 읽지 않은 아이보다 어휘력이 뛰어나다. 한 학년씩 올라갈수록 더 다양한 어휘와 문장을 접하는데 책을 즐겨 읽는 아이는 복잡하고 긴 문장의 지문도 내용을 쉽게 파악하고 이해하게 된다.

내가 중학교 1학년부터 수학능력시험이 도입되었다. 그때 교장 선생님은 독서의 중요성을 강조하셨다. 문제의 지문도 길어지고 긴 지문을 정해진 시간 안에 읽고 이해하고 문제를 풀어야 하기 때문이다. 또 다양한 종류의 글을 읽어야 한다. 과목에 상관없이 글의 범위가 넓다. 예를 들면 수학 문제에서 국어 영역의 글이 나오고 국어 문제에서 사회 영역의 글이 나오기 때문이다. 이처럼 독서의 중요성은 거듭 강조해도 지나치지 않다. 영어를 유창하게 구사하고 잘하는 것은 정말 중요하다. 하지만 먼저 모국어가 뒷받침되어야 한다. 모국어를 잘하는 것이 영어, 즉 외국어도 잘할 수 있는 길임을 명심하자.

- 2 -

우리 집 거실을 한글 놀이터로 만들어라

코로나19가 기승을 부리고 확진자가 점점 늘어난다. 남편은 불안해했다. 당분간 아이들을 어린이집에 보내지 말라고 한다. 집에서 보내는 시간이 길어지다 보니 아이들도 지치고 나도 지쳐갔다. 남편은 마트에서 아이들 장난감을 하나둘 사온다.

나는 아이들이 어린이집 생활 패턴을 잃지 않도록 하기 위해서 점심 식사도 간식도 정해진 시간에 먹였다. 아이들 학습도 정해진 시간에 하도록 했다. 학습이라고 해서 책상에 앉아서만 하지 않는다. 우리 둘째는 종이접기를 좋아하고 잘한다. 막내는 사각 블록을 잘한다. 블록을 만들면서 공룡책과 곤충책을 본다. 책을 보다가 책으로 집도 짓고 놀이를 한다. 책으로 길을 만들어 자동차를 움직이고 주차장도 만든다. 책을 거실 바닥에 깔아놓고 눕기도 한다. 한참을 놀다가 보고 싶은 책이 있으면 본다. 아이들은 자연스럽게 책을 보며 공부를 하는 것이다.

막내는 마냥 예쁘고 사랑스럽다. 공부를 안 해도 예쁘고, 편식을 해도 예쁘다. 공부를 빨리 가르치고 싶은 생각도 들지 않는다. 그저 존재만으로 사랑이다. 이런 막내에게 한글을 가르치기 시작했다. 둘째보다는 늦게 시작한 편이다. 한글을 가르치려고 낱말 카드를 샀다. 둘째와 함께 놀아줘야 해서 영어 단어도 함께 있는 카드로 구매했다. 낱말 카드로 아이들과 놀이를 한다. 카드 숨바꼭질, 스피드 게임, 시장 놀이 등 여러 가지다. 카드 숨바꼭질을 할 때 둘째는 영어 카드 찾기, 막내는 한글 카드 찾기를 한다. 두 아이가 술래가 되고 나는 카드를 거실 여기저기에 숨긴다. 책장 사이사이 소파 위, 식탁 의자, 화분 뒤에도 숨긴다. 아이들 눈높이에 맞게 손이 잘 닿는 곳에 숨긴다. 숫자 열을 셀 동안 숨기고 열을 다 세고 나면 아이들이 카드를 찾아 나선다. 카드 숨기는 곳은 거실을 벗어나지 않는다. 숨기는 장소의 범위가 넓어지면 놀이가 산만해지고 아이들은 금방 흥미를 잃어버린다. 카드를 찾으러 온 집 안을 누비고 다니다 보면 금세 지친다. 놀이를 할 때는 장소의 범위를 정해놓고 하는 것이 좋다.

아이들을 가르치러 집집마다 방문한다. 아이들 수업 장소는 각각 다르지만 거실에서 하는 경우가 많다. 거실에서 수업하면 엄마는 방에 들어간다. 방에서 아이가 수업하는 소리를 듣는다. 초등은 앉아서 수업하는 시간이 많고 유아는 몸을 움직이면서 놀이한다. 놀이를 앉아서 하기도 하지만 아이에 따라 거실에서 뛰기도 하고 거실 유리문에 낱말 카드를 붙이고 다양한 활동을 하며 수업한다. 아이들은 몸을 움직이고 놀아주면 더 집중을 잘하고 효과도 빠르게 나타난다. 방에서 수업하는 경우에는 앉아서 더 신나게 놀아준다. 아이가 까르르 까르르 웃을 수 있도록 최선을 다한다.

나는 한글을 가르치면서 낱말 카드를 많이 활용하라고 말한다. 수업하고 난 후에 교재는 잘 보지 않게 된다. 하지만 카드는 모아놓는다. 카드를 모으는 것도 좋지만, 카드를 아이들이 잘 보이는 곳에 붙이면 더 효과적이다. 나는 엄마들에게 거실 유리창에 카드를 붙여두라고 한다. 아이들이 잘 볼 수 있도록 말이다. 카드를 붙여놓으면 아이들이 자주 보게 된다. "선생님, 카드를 붙여놓으니까 거실이 너무 지저분해져요."라고 하는 엄마도 있다. 나는 이렇게 말한다. "어머니, 집 안이 이렇게 깨끗한데 뭐가 지저분하시다는 건가요? 저는 이렇게 깨끗한 거실은 본 적이 없는데요? 우리 아이를 위해서 유리창만 좀 내어주세요. 우리 아이가 빨리 한글을 깨치면 되니 조금만 참으시면 됩니다."라며 엄마를 설득한다. 엄마가 거실에 낱말 카드를 붙여놓고 복습하며 놀아주는 아이와 카드만 모아 놓는 아이는 한글 떼는 속도가 다를 수밖에 없다. 거실에 카드를 붙여놓으면 아이는 카드를 자주 보며 눈에 익히고 엄마에게 물어보기도 한다. 또 내가 알려준 대로 엄마가 놀아준 아이는 일주일 동안 배워야 하는 낱말을 모두 알게 된다.

아이들과 거실에서 놀이를 할 때는 안전에 신경 써야 한다. 날카로운 모서리에 부딪히지 않도록 주의하고 놀이를 하기 전에 바닥에 있는 장난감이나 물건들을 모두 치워 밟지 않도록 정리한다. 놀이를 하기 전에 아이와 주의사항에 대해서 먼저 이야기하고 규칙을 잘 지킬 수 있도록 한다. 규칙은 놀이할 때의 규칙도 있지만, 놀이 후 정리에 대한 규칙도 정한다. 또 한 가지 주의할 것은 아이와 놀아줄 때는 놀이에 집중하며 공부라는 것을 느끼지 않도록 한다. 놀면서 가르치려 한다면 아이는 거부감을 나타낼 것이다. 아이에게 배운 것을 물었을 때 대답을 못 한다고 아이를 다그치거나 나무라지 않는다. 아이가 모른다면 다시 알려주면 된다. 아이가 똑같은 것을 계속 물어본다면 물어보는 대로 대답하면 된다. 절대 짜증내거나 화내지 않아야 한다. 아이들은 엄마가 화내거나 짜증내는 순간 입을 닫아버리고 엄마에게 모르는 것을 물으려 하지 않는다.

2019년 거실이 좀 더 넓은 집으로 이사를 했다. 이사를 하면서 우리는 텔레비전을 안방에 놓고 거실에 책장을 놓기로 했다. 남편은 거실에 텔레비전을 놓길 원했지만, 아이들 책이 많아지면서 책장을 거실에 들여놓았다. 거실에 책장을 놓고 책들을 채워나갔다. 아이들 책들이 빼곡하게 채워졌다. 내 책들도 점점 자리를 차지해갔다. 거실에 책을 꽂아주고 장난감들은 아이들 방에서 나오지 않도록 약속했다. 거실에서는 주로 책을 보거나 공부를 하도록 했다. 가끔은 장난감들이 거실로 나오기도 한다. 그럴 때는 어김없이 장난감을 가지고 방으로 가도록 이야기한다. 나는 거실에서 아이들과 공부를 하면서 놀이도 함께했다. 막내 한글을 가르칠 때 거실에서 마음껏 놀아 주었다. 4장에서 다뤄진 놀이들을 모두 거실에서 했다. 엄마가 함께 놀아주니 아이들은 너무 좋아했고 학습 효과도 컸다. 놀면서 화를 내거나 모른다고 혼내지도 않았다. 놀이는 그냥 놀이로 공부처럼 느껴지지 않도록 했다. 아이들과 놀이를 하다 보면 나는 30분을 넘기지 못한다. 엄마의 체력이 받쳐주지 못한다. 30분 이상 놀아주면 힘들다. 하루 10분을 놀아도 온 정신을 아이들과의 놀이에 집중해야 한다. 양보다는 질적으로 놀이한다. 오래 놀이를 한다고 효율적인 것은 아니다. 짧은 시간도 굵게 임팩트 있게 놀아준다면 아이는 충분히 만족해한다. 아이들이 놀이를 더 원한다면 둘이서 놀 수 있도록 이끌었다. 그리고 엄마는 잠시 휴식한다.

휴식하면서 나는 책을 읽는다. 그런 내 모습을 보고 아이들은 놀이가 싫증 나면 책을 보거나 태블릿으로 학습 영상을 본다. 이렇게 하루 대부분의 생활을 거실에서 하게 된다. 엄마가 거실에 머무는 시간이 많다 보니 자연스럽게 아이들도 엄마가 있는 거실에서 생활하게 된다. 아이를 키우는 집들은 아이들 놀잇감과 책들을 거실에 둔다. 거실은 아이들이 가장 많은 시간을 보내는 장소다. 엄마들은 살림하면서 아이들도 살펴야 한다. 때문에 아이들이 거실에 있으면 엄마의 시야에서 크게 벗어나지 않는다. 거실은 아이들이 놀이할 수 있는 최적의 공간인 셈이다. 가족들이 가장 많이 머무는 공간을 아이들을 위해서 놀이 공간으로 만들어보자. 아이들이 타는 미끄럼틀도 거실에 두는 경우가 많지 않은가. 미끄럼틀 대신 작은 책상을 두고 아이들이 책상에서 책도 읽고 낱말 카드로 놀이도 하고 놀면서 공부할 수 있는 공간을 만들자. 아이들의 놀이 공간이라 해서 특별한 것이 아니다. 거실에 텔레비전을 치우고 책장을 놓아 책을 꽂아두자. 책장 한 공간에는 아이들의 색연필과 크레파스, 스케치북, 풀, 가위를 비치한다. 아이가 필요할 때 언제든 꺼내서 사용할 수 있도록 한다. 이러한 것들이 준비가 되면 아이는 언제든 책을 볼 수 있고 책으로 놀이도 할 수 있다. 또 거실에서 다양한 놀이도 해줄 수 있다. 아빠들은 쉬는 날이면 거실 소파에 누워서 텔레비전을 본다. 아빠들이여! 아이들을 위해서 거실을 양보하자. 아이들을 위해서 아이들과 거실에서 함께 놀이를 해보자. 아이들과 함께할 수 있는 놀이는 4장에서 알려줄 것이다. 온 가족이 함께 놀이하면서 아이들과 시간도 보내고 한글도 가르쳐보자. 엄마, 아빠가 함께 놀아준다면 아이들은 더 없이 행복할 것이다.

『하루 10분 놀이 영어』의 저자 이지혜는 말한다. "아이들의 두뇌는 학습보다 놀이를 더 좋아한다. 사교육 1번지라고 불리는 강남에서는 이미 창의력 놀이가 대세다. 집에서 놀이를 하다 보면 아이의 영어 실력은 물론 창의력과 정서 발달, 문제 해결력이 향상되는 것을 느낄 것이다. 우리 집이 아이가 자유롭고 스스로 할 수 있는 최고의 영어 놀이터라는 사실을 잊지 말자." 이렇듯 집은 아이들에게 정서적 안정을 줄 뿐 아니라 최고의 놀이터가 될 수 있다. 아이들을 위해 우리 집 거실을 아이들의 놀이터로 만들어보자.

집 안 벽을 칠판처럼 활용하라

우리 위층에 예쁜 연년생 공주들이 살고 있다. 첫째 공주는 인형처럼 예쁘고 둘째 공주는 귀여운 만화 캐릭터를 닮았다. 말을 얼마나 똑 부러지게 잘하는지 모른다. 두 아이 엄마는 벽에다 전지를 붙여놓았다. 아이들이 벽에다 낙서하도록 했다. 색연필로 마음가는 대로 낙서하고 그림을 그린다. 전지에 더 이상 그릴 곳이 없으면 새로 교체한다. 한번은 두 아이가 엄마 립스틱을 온 벽에다 칠해놓았다. 벽이 온통 빨갛게 물들었다. 마치 귀신이 나올 것 같았다. 벽뿐만 아니라 바닥이며 아이들 장난감이며 온통 붉게 물들었다. 아이들 얼굴도 립스틱 범벅이 되었다. 엄마는 멘

붕이 되어 아이들 손이 닿지 않는 곳으로 화장품을 치워놓았다. 그리고 벽에다 코팅된 학습 벽보를 붙여놨다. 그 후로 아이들은 벽에 낙서를 하지 않았다. 아이가 있는 집은 가구며 전자제품이며 멀쩡하게 남아나질 않는다. 그래서 고급 가구를 들여놓지 않는 집도 있다. 아이가 어릴 때는 어차피 아이들로 인해 훼손되기도 하고 테이프 자국이며 스티커를 붙여놓기도 해서 얼룩덜룩해진다. 이렇게 벽은 아이들이 낙서를 하거나 놀이를 하기에 딱 좋은 공간이 된다.

『엄마표 영어 놀이가 답이다』의 저자 이규도는 "집 안 벽을 게시판처럼 활용하면 단어 암기 외에도 장점이 있다. 바로 부족한 영어 노출 시간을 충분히 보충할 수 있다는 것이다. 엄마가 신경 써서 무언가를 읽어주고 보여주지 않으면 영어를 접하기 어려운 어린아이들에게 자연스럽게 그림과 글자를 보여줄 수 있는 것이다. 아이가 보고 배우면 좋겠다 싶은 것들은 죄다 벽에 걸자. 미적 감각을 길러주고 싶다면 멋진 그림을 걸고 영어 단어를 외우게 하고 싶다면 영어 단어를 붙이자."라고 했다. 이 말은 집 안 벽을 칠판처럼 활용하라는 말이다. 아이들이 자주 볼 수 있도록 벽에 글자를 붙여놓고 읽어주고 글자 찾기 놀이를 해보자. 매번 낱말 카드를 꺼내서 읽어주고 다시 넣어놓고 하다 보면 엄마도 귀찮아진다. 벽을 활용한다면 이러한 번거로움은 없을 것이고 아이에게 글자를 더 노출시킬 수 있다.

내가 가르치던 초등 3학년 여자아이가 있었다. 이 아이는 서울대를 목표로 공부를 한다. 어느 날 수업을 갔는데 책상 앞에 아이가 적어놓은 문구 같은 게 있었다. 꽤 인상적인 문구였고 3학년 아이가 썼을 거라고는 생각하기 어려운 글이었다. 이 글을 누가 썼는지 물어보니 본인 스스로 써 붙여놓았다 한다. 나는 그 아이가 대단해 보였다. 겨우 열 살 된 아이인데 공부하다가 나태해지지 않도록 동기 부여 되는 글을 적어놓은 것이다. 그 글이 눈에 잘 보이도록 책상 가운데 붙여 놓았다.

'시각화'라는 말을 들어본 적이 있는가? 자신이 소원하는 것을 이미지든, 글이든 적어서 잘 보이는 곳에 붙여두며 상상하는 것이다. 이렇게 소원을 벽에 두고 매일 바라보며 소원이 이루어진 것처럼 상상하면 소원이 이루어진다. 내가 이 이야기를 하는 것은 이처럼 눈에 보이는 것이 중요하다는 것이다. 아이들이 영어 단어를 외우기를 바란다면 집 안 벽 여기저기에 단어들을 붙여놓아라. 한글을 가르치는 중이라면 아이가 배운 한글 낱말을 벽에 붙여놓고 자주 볼 수 있도록 해라. 연인 사이에서는 '눈에서 멀어지면 마음도 멀어진다'는 말이 있지 않은가? 그만큼 자주 보고 만나야 멀어지지 않는다는 말이다. 아이들 학습도 그렇다. 많이 보고 입으로 말하면 효과는 크게 나타난다.

나는 첫째 아이를 낳고 벽에 한글 벽보와 동물 벽보를 붙였다. 아이는 아직 누워 있는데 그림이라도 볼 수 있도록 한 것이다. 아이가 있는 집은 이런 학습 벽보를 벽에 붙여둔다. 아이에게 동식물을 직접 보여주기 어렵기 때문이다. 온 벽에 이러한 벽보로 도배를 한다. 우리 첫째는 걸음마를 하던 때에 벽보에 동물을 가리키며 "우."라고 말한다. '이건 뭐예요?'라는 뜻이다. 이렇게 벽에 붙여놓은 것으로 기본적인 사물 인지를 했다. 벽은 아이들에게 칠판과도 같다. 벽에 그리거나 쓰지는 못해도 무언가를 붙여놓고 아이들에게 노출을 할 수 있는 최고의 공간이다. 반면 벽에 어떤 것도 붙여놓는 것을 싫어하는 집도 있다. 내 고객 중에 한 분도 그런 분이 있었다. 미니멀 라이프를 추구하며 벽에는 텔레비전만 덩그러니 걸어놓고 아이들을 위한 어떤 것도 붙여놓지 않았다. 심지어 책장도 미니멀했다. 이처럼 무엇이든 벽에 붙여놓는 것을 싫어할 수도 있다.

내가 수업을 다니던 어느 집은 자석 칠판은 잘 활용했었다. 나와 수업 후에 낱말 카드를 붙일 때도 거실 유리창 대신 자석 칠판에 자석으로 카드를 고정시키거나 테이프로 붙여두었다. 그리고 아이가 배운 글자를 써보도록 했다. 아이는 글자를 따라 써보며 배운 것을 되새긴다. 이렇게 하면 자연스럽게 복습이 된다. 나는 우리 첫째 수업을 하고 난 후에 선생님이 복습을 해달라고 하면 부담스러웠다. 뭘 어떻게 해줘야 할지 몰랐다. 선생님은 나에게 어떠한 방법도 알려주지 않았다. 반면 나는 아이들을 가르칠 때 엄마들에게 수업하면서 아이와 놀았던 방법에 대해 설명해주고 엄마도 내가 했던 놀이를 연장해서 할 수 있도록 상담했다. 그래도 못

해주는 엄마는 있다. 복습이라고 해서 거창하게 생각하지 않아도 된다. 그날 배웠던 내용의 카드만 벽에 붙여놓고 엄마가 노래를 부르며 글자 찾기 노래를 해도 된다. 붙여놓은 카드를 한 번씩만 읽어줘도 된다. 아이가 잘 보는 곳에만 붙여보자.

아이들에게 처음 영어를 가르칠 때 환경을 먼저 만들어주라고 한다. 환경이란 무엇일까? 환경이란 아이가 배움을 쉽게 받아들일 수 있도록 준비해주고 공간을 만들어주고 노출시켜주는 것이라 생각한다. 영어를 많이 들려주는 것도 환경이고, 단어 카드를 벽이나 거실 유리창에 붙여두는 것도 환경이다. 또 아이들이 공부할 수 있는 공간을 만들어주는 것도 환경이다. 아이들에게 어떤 것을 가르치든 먼저 아이가 배울 수 있고 습득할 수 있는 환경을 만들어줘야 한다. 책을 많이 읽히고 싶다면 아이가 많이 머무는 곳에 책을 꽂아두고, 영어를 잘하게 하고 싶다면 많이 들려주면 된다. 수학을 잘하게 하고 싶다면 수학 교구를 잘 보이는 곳에 놓아두면 된다. 한글은 언어이기 때문에 영어처럼 많이 들려주고 많이 보여주면 된다. 나는 아이들을 가르칠 때 수업을 다 하고 나면 한글 낱말 카드를 아이가 스스로 붙이도록 했다. 아이가 직접 붙이면 애착이 생겨서 한 번 볼 것을 두 번 보게 되는 효과가 있기 때문이다. 또 스스로 붙였다는 뿌듯함에 엄마, 아빠에게 자랑하기도 한다. 자랑함으로써 아이에게는 동기 부여가 되기도 한다. 아이를 키우고 가르치는 데 있어서 환경은 매우 중요하다. 환경만 잘 만들었다고 되는 것도 아니다. 환경과 자극이 서로 받쳐준다면 교육 효과는 더할 나위 없을 것이다.

우리 앞집에는 4남매가 살고 있다. 이 아이들은 그림을 참 잘 그린다. 한번은 둘째 아이가 내 모습을 그려서 가져왔다. 지웠다 그렸다를 여러 번 반복해서 연필 자국으로 얼굴이 말이 아니었다. 그래도 그 아이의 정성이 고마워서 우리 집 벽에 붙여놓았다. 가끔 우리 집에 놀러 올 때면 자기가 그린 그림을 보고 뿌듯해한다. 우리 아이들도 자신이 그린 그림이나 글씨들을 붙여놓고 싶어 한다. 막내는 뜬금없이 "엄마 사랑해요." 를 써서 벽에 붙이라고 한다. 둘째는 색종이에 편지를 쓰고는 벽에 붙인다. 그런데 동생 편지로 가려놓는다. 그러면서 떼지는 않는다. 가려놓은 편지를 엄마가 가끔 봐주기를 바라는 마음이다. 며칠 전에는 둘째를 데리러 학교에 갔다. 돌봄 교실을 같이하는 친구 엄마가 늦을 것 같아서 그 아이도 내가 함께 하교를 시켰다. 그 아이가 어항 그림을 내밀며 "이모! 이거 이모 주려고 만들었어요." 하며 그림을 내게 주는 것이다. "어머~ 고마워~!" 하며 그 아이의 정성된 그림을 받아 들었다. 그리고 우리 집 현관 안쪽에다 붙여놓았다. 나는 아이들이 그려 준 그림도 벽에 붙이며 아이들이 보도록 한다. 우리 막내는 공룡을 그려서 붙여놓고는 그 그림에서 더 확장시켜 다시 그림을 그리기도 한다. 벽에 붙여놓으면 아이들은 수시로 보면서 더 발전된 그림을 그리기도 한다. 나는 벽에다 다음에 이사 갈 집의 사진을 붙여놓았다. 벽뿐만 아니다. 냉장고에는 아이들이 종이접기 해서 붙여놓은 것들로 가득하다. 또 스티커와 판박이도 붙여놓았다. 스티커와 판박이는 빨리 제거한다. 제거할 때는 아이들의 동의를 구한다. 아이들이 붙여놓은 것이기 때문에 반드시 아이들의 동의를 구하고 제거한다.

나는 우리 집 벽을 칠판처럼 사용했다. 벽에 글씨를 쓰거나 그림을 그린 것은 아니다. 아이들이 그린 그림을 붙여놓거나 편지를 붙여놓거나 낱말 카드를 붙여놓았다. 그리고 낱말 카드 위에는 글씨를 따라 쓰도록 허용했다. 낱말 카드 위에 따라 쓰기를 할 때는 옆에 함께하며 아이가 다른 벽에 낙서하지 않도록 했다. 처음부터 벽에다 카드를 붙이고 따라 쓰기를 한 것은 아니다. 책상에서 충분히 연습이 이루어진 후에 가능했다. 아이가 초등학생이 되기 전까지는 벽을 깨끗이 사용하는 것은 어렵다. 아니 그냥 마음을 비우는 것이 맞을 것이다. 우리 위층 아이 엄마도 벽을 사용하는 것에 마음을 비우고 코팅된 벽보를 붙여 낙서해도 닦기 쉽도록 해놓았다. 또 잘 지워지지 않는 도구는 치워놓았다. 벽에 영어 단어 카드와 한글 낱말 카드도 붙여놓았다. 이것이 아이들을 위한 환경을 만드는 것이다.

- 4 -

아이의 발달 단계에 따라 다르게 접근하라

우리 앞집에 새로 이사 온 아이들이 있다. 아들 셋을 키우는 집이다. 줄줄이 연년생으로 낳아서 키우다 보니 엄마의 고초가 말이 아닌 듯하다. 아이들이 너무 어려서 엄마의 손이 많이 간다. 특히 막내는 엄마에게 안아달라고만 한다. 둘째는 엄마 품이 그리워 떼를 쓴다. 첫째는 동생들이 없으면 어리광을 부린다. 아이들 셋 모두 엄마를 차지하고 싶어 한다. 엄마가 너무 힘들어 보여 가끔 가서 아이들 돌보는 것을 도와준다. 그런데 막내가 밥 먹을 개월 수인데 분유를 먹고 있는 것이다. 아직 빨대도 사용해본 적이 없다고 한다. 밥을 먹기는 하지만 씹지를 않고 그냥 삼킨다. 나는 엄마에게 아이 이유식을 했는지 물었다. 내 예상대로 이유식을 하지 않았다고 한다. 아이 셋을 모두 그렇게 키운 것이다. 나는 엄마에게 설명했다. 이유식을 거치지 않으면 영양소를 골고루 섭취하기 힘들고 씹는 연습이 되지 않아 밥을 그냥 삼키게 된다고 말이다. 나는 엄마에게 이유식 단계를 조금이라도 하고 나서 밥을 먹이라고 했다. 엄마는 내 조언을 듣지 않았다. 막내 아이는 그냥 국에 말아서 밥을 삼키듯 먹고 있었다.

아이는 태어나서 성장하기까지 발달 단계를 거친다. 처음에는 누워만 있다가 뒤집기를 하고 배밀이를 한다. 그리고 기기 시작한다. 기어 다니다가 물건을 잡고 선다. 서고 나면 한 발씩 걸음을 떼고 걷게 된다. 사람도 동식물도 자라는 순서가 있다. 배움에 있어서도 마찬가지다. 숫자를 먼저 배워야 덧셈, 뺄셈을 할 수 있다. 한글을 배워야 글을 읽을 수 있다. 한 살 아이에게 덧셈, 뺄셈을 가르칠 수 없듯이 아이들의 발달 단계에 따라 배우는 방법과 시기를 다르게 접근해야 한다.

피아제의 인지 발달 단계에 대해서 이야기해보겠다. 피아제의 인지 발달 단계는 4단계로 나뉘어 있다. 감각운동기, 전조작기, 구체적 조작기, 형식적 조작기로 구분한다.

먼저 감각운동기는 출생부터 2세까지며 주요 특성으로는 감각 운동적 도식 발달을 보여준다. 반사행동에서 목적을 가진 행동으로 발전하고 대상 연속성을 습득하는 시기다. 이 시기는 뇌가 가장 빠르고 활발하게 발달한다. 이때 한글을 일찍 가르치는 부모들이 많다. 그림책을 보여주기보다는 책을 읽어주거나 직접 만져보게 하며 오감을 모두 활용해 두뇌 자극을 해주는 것이 좋다.

두 번째 전조작기다. 2~7세에 속하는 시기로 주요 특성은 언어와 상징과 같은 표상적 사고 능력의 발달과 직관적 사고와 중심화 그리고 자아중심성이다. 이때 언어능력이 폭발적으로 늘어난다. 다양한 언어를 반복적으로 접하게 도움을 주면 아이가 빠르고 쉽게 언어를 배울 수 있다.

세 번째 구체적 조작기다. 6~12세가 이 시기에 해당된다. 이때는 구체적인 상황에서의 논리적 사고 발달과 가역성, 유목화, 서열화 개념 습득 및 사회 지향성이라 할 수 있다. 구체적 조작기의 아동은 인지 능력이 극적인 변화로 인해서 이전 단계의 유아와는 전혀 다른 사고를 가지고 있다. 이 시기의 아이들은 지능이 매우 급속도로 발달한다. 이때 얼마만큼 지능을 발달시키느냐에 따라 이후 추상적이고 고차원적인 사고가 얼마나 가능한지가 판가름 난다.

네 번째 형식적 조작기다. 11세 이후의 청소년이 해당된다. 이때의 주요 특성은 논리적으로 추상적인 문제 해결이 가능하다. 사춘기에 접어들면서 아이들의 사고는 성인들처럼 발달한다. 가장 대표적인 특징이 추상적인 내용으로 논리적인 추리를 할 수 있게 된다.

〈출처: 네이버, 참고도서:『아이의 공부지능』〉

무엇을 배우든 배움에 맞는 순서와 연령이 있다. 한글도 마찬가지다. 감각운동기에 해당되는 연령은 오감을 통해서 사물을 인지해야 한다. 손으로 만지고 감각을 느끼고 눈으로 보면서 사물에 대한 느낌을 알아야 한다. 그렇게 사물과 친숙해지면서 사물 인지를 한다. 전조작기에는 언어가 폭발적으로 발달하는 시기다. 이때는 한글을 배우기에 최적화된 연령이다. 한글을 배울 나이가 되었다고 해서 무조건 주입식으로 가르치면 안 된다. 보통 5세가 되면 한글을 시작한다. 한글을 배우는 단계는 크게 통 문자, 한 글자 단계로 나뉜다. 우리 아이가 어느 단계부터 시작하는 게 적합한지 세심하게 관찰하고 살핀 후 시작해라. 내가 아이들을 가르쳤을 때는 사물 인지 3주를 하고 4주차부터는 통 문자 학습이 시작된다. 27주 정도 통 문자와 합성어, 뜻을 가진 한 글자를 배운 후에 한 글자 학습을 시작했다. 커리큘럼이 체계적으로 구성되어 아이들이 한글을 제대로 배울 수 있었다. 커리큘럼이 탄탄하다고 무조건 순서대로 가르치지 않았다. 아이의 연령과 학습 상황을 고려해서 진도를 조율해서 학습을 진행했다. 예를 들면 아이가 통 문자 학습을 하고 있는데 통 문자에서 한 글자를 찾아낸다. '가지'에서 '가'를 따로 읽을 수 있게 되면 한 글자 학습으로 진도를 변경해서 수업했다. 한 글자 수업을 진행하다가 진도를 다 마치지 않았는데도 한 글자를 모두 다 읽게 되면 그 다음 진도로 넘어가서 가르쳤다.

한글을 전혀 배운 적 없는 7세 아이의 수업 의뢰가 들어온 적이 있다.

나는 한글을 처음 하는 아이니 당연히 통 문자 단계부터 진도를 시작해야 한다 생각했다. 그런데 팀장님은 통 문자부터 진도를 잡지 않았다. 뜻을 가진 한 글자 단계부터 진도를 설정해주었다. 7세 정도가 되면 충분히 빠르게 배울 수 있기 때문에 한 글자 학습 전 단계인 뜻을 가진 한 글자부터 시작한 것이다. (여기서 뜻을 가진 한 글자란 '무, 파, 양, 불'처럼 하나의 단어를 말한다.) 꼭 7세라고 해서 무조건 한 글자부터 시작하는 것은 아니다. 아이의 인지 능력에 따라 얼마든지 달라질 수 있다. 배경지식이 부족한 경우는 통 문자부터 시작하기도 한다. 배경지식은 사물 인지다. 감각운동기와 전조작기 초반에 사물 인지가 충분히 되지 않은 경우도 있다. 이런 경우는 부모가 아이에게 환경을 만들어주지 못한 경우다. 해서 아이에게 충분한 환경을 만들어주고 배울 수 있도록 해줘야 한다.

분당에서 학습지 교사를 할 때다. 4세의 귀여운 여자아이의 수업을 인계 받았다. 4세인데 한글을 다 읽는다고 한다. 수업을 가보니 정말 한글을 다 읽고 있었다. 그런데도 그 아이는 한글 수업을 했다. 아직 나이가 어려서 국어를 하기에 무리가 있었고 아이가 선생님 오는 것 자체를 좋아했기 때문에 엄마가 한글 수업을 해도 괜찮다고 했다. 그 아이는 한글을 학습지로 뗀 것이 아니었다. 컴퓨터처럼 생긴 장난감 학습기가 있는데 그 학습기를 가지고 놀면서 자연스럽게 한글을 깨쳤다고 한다. 그 아이는 엄마가 워킹맘인 탓에 할머니가 오후 시간을 돌봐주셨다. 할머니께서는 손녀가 그저 예쁘기만 했고 손녀가 원하는 것은 다 들어주셨다. 그 장난감도 그렇게 얻어진 것이다. 장난감을 갖고 놀면서 한글을 다 떼버렸지만 국어 학습을 하기까지는 더 기다려야 했다. 국어 학습을 할 수도 있었지만, 학교 가기 전에 너무 일찍 배워버리면 학교 수업에 흥미를 잃을 우려가 있기 때문이다. 초등 1학년 남자아이가 있었다. 학교 입학한 지 얼마 되지 않은 시기였다. 이 아이는 학교 수업 시간에 집중을 못 한다고 한다. 이미 다 배워서 알고 있는데 학교에서 또 배워야 하니 재미가 없었던 것이다. 그렇다고 학교 수업을 안 할 수 없는 노릇이었다. 학습지를 끊자니 아이가 학습지를 워낙 좋아해서 끊지도 못하고 엄마는 고민이 많았다.

아이들은 저마다 학습을 받아들이는 발달 단계가 다르다. 같은 나이라 해도 다르다. 쌍둥이도 다르다. 지금의 공교육은 같은 나이의 아이들이 한 교실에서 같은 단원을 공부한다. 이것이 우리 교육의 현실이다. 그렇다고 우리가 바꿀 수는 없다. 하지만 내 아이에게 맞는 교육 방법을 찾아 가르쳐줄 수 있다. 같은 단원을 똑같이 배워도 누구는 잘하고 누구는 어려워한다. 그것은 아이들마다 발달 속도가 다르고 인지 능력이 다르고 환경이 다르기 때문이다. 내 아이가 옆 짝꿍보다 수학을 못한다고 속상해하기보다 내 아이가 쉽게 이해할 수 있고 잘해낼 수 있는 방법을 찾아라. 내 첫째 아이는 7세 후반에 한글을 다 깨쳤다. 둘째는 4세에 한글을 깨쳤고 막내는 6세에 한글을 깨쳤다. 이렇게 아이마다 모두 다른 것이다. 내 아이가 남들과 다름을 인정하고 내 아이에게 맞는 방법을 찾아서 가르친다면 아이와 엄마 모두 힘들지 않고 스트레스 받지 않고 즐겁게 한글을 뗄 수 있을 것이다.

재미있는 놀이와 함께 내 아이 맞춤 하루 10분 엄마표 한글 놀이로 함께 해보자.

5

한글에 대한 부모의 고정 관념을 버려라

2004년 나는 보육교사 자격증을 땄다. 그러곤 어린이집 근무를 시작했다. 내가 맡은 반은 7세 반이었다. 그리고 6~7세 아이들의 한글, 수학 특강 수업을 맡았다. 한글, 수학쯤이야 가르치는 데 문제가 없으리라 생각했다.

한글은 '가 나 다 라'부터, 수학은 더하기 먼저 가르쳤다. 한글은 그저 글자의 이름만 가르쳐주고 쓰면서 외우기 식으로 가르쳤다. 이렇게 하면 한글을 뗄 것이라 생각했다. 내가 배운 방식으로 가르치려 한 것이다. 하지만 아무리 쓰고 가르쳐도 아이들은 한글을 깨우치지 못했다. 답답했다. 심지어 아이들의 머리가 나쁜가 하는 생각까지 들었다. 하지만 아이들의 문제가 아니었다. 가르치는 방식이 잘못된 것이었다.

　비단 이것은 나만의 문제가 아니리라. 보통의 부모들은 아이들 한글을 한 글자 학습, 즉 '가 나 다 라'부터 가르친다. 이 방법이 잘못된 것은 아니다. 하지만 아이들의 연령과 발달을 고려하지 않고 가르치는 데 문제가 있다. 읽고 쓰면서 가르치는 것은 주입식 교육이다. 이런 주입식 교육은 학습에 대한 아이들의 흥미를 금세 잃게 한다. 또는 거부하게 만든다. 주입식 교육을 받아 온 엄마 세대에는 이러한 교육 방식이 큰 문제가 되지 않았다. 하지만 시대가 변하고 세대가 바뀐 만큼 교육 방식도 달라져야 한다.

　학습지 교사 시절 타 학습지를 오래 하다가 한글을 못 깨쳐서 나에게 온 아이가 있었다. 그 아이는 글자를 더듬더듬 읽는 수준이었다. 타 학습지에서도 주입식으로 배운 것이었다. 그 아이는 나와 한 글자 학습을 다시 되짚어보고 받침 음가를 익혔다. 받침 음가를 배우고 나니 받침 글자 읽는 것을 빠르게 인지하고 글을 읽게 되었다.

　나와 수업하던 아이들은 보통 낱말 학습까지는 너무 즐겁고 재미있게 했다. 선생님이 놀아주는 데다 글자에도 이미지가 있어서 글자의 이미지를 연상하면서 배우다 보니 어렵지 않았던 것이다. 그러다가 한 글자 학습이 시작되면 아이들에게 고비가 찾아왔다. '딸기', '사과', '바나나' 등의 낱말에는 뜻과 의미가 내포되어 있다. 하지만 '가', '나', '다', '라'와 같은 한 글자에는 의미가 없다. 그래서 아이들이 배우기 힘들어한다. 이 시기에 한글 수업을 그만두는 아이들도 꽤 있었다.

신입 교사 때는 왜 그런 현상이 일어나는지 몰랐다. 내 수업이 재미가 없나…, 아니면 나에게 다른 문제가 있는 것인가… 고민하기도 했다. 아이들은 나를 정말 좋아하는데…. 그렇다면 뭐가 문제일까. 답은 바로 배움의 단계가 어려웠던 것이었다.

나는 아이들을 가르치면서 한 글자 학습을 힘들어하는 아이들을 많이 만났다. 그리고 내 큰아이에게도 그 고비가 찾아왔었다. 큰아이는 선생님께 모두 맡겼지만 둘째, 셋째는 내가 가르친 부분이 더 많았다. 특히, 셋째는 모두 내가 한글을 깨우쳐주었다. 셋째 아이는 한글을 배우면서 힘들어하거나 싫어하지 않았다. 엄마가 놀아주면서 가르쳐주니 재미있어 했고 계속하고 싶어 했다.

『당신의 문해력』을 강력히 추천해준 서울대 아동가족학과 최나야 교수. 그녀는 아이들이 한글에 관심을 보이지 않고 뭔가를 물어보면 싫다고 거부하는 원인을 한글 접근 방식에서 찾았다고 한다. 최나야 교수는 "아직 글자에 관심이 없고 준비가 안 되었을 때 딱딱한 방식으로 한글을 배우기 시작하면 아이들은 부담감을 느낀다. 또한, 재미를 못 느끼면서 한글 공부를 거부하게 된다. 실제로 많은 부모가 영어나 수학은 놀이와 게임을 이용해 재미있게 알려주는데 한글을 가르칠 때는 책부터 펴고 읽기를 강요하는 듯한 분위기를 만들곤 한다. 영어나 수학 공부에는 여러 가지 교구와 장난감을 충분히 활용하면서 한글 공부는 학습지에 의존하는 경향이 크다."라고 했다.

나도 유아들을 오래 가르치면서 놀이 수학, 가베, 블록 놀이, 모래 놀이 등 다양한 놀이 수업을 했었다. 하지만 한글만큼은 놀이로 접근해야 한다는 생각을 하지 못한 것이다. 바로 고정 관념이었다.

이러한 고정 관념은 백해무익이니 버려야 한다. 내가 내 셋째 아이를 놀이를 통해 한글을 가르쳤듯이 우리 부모님들도 아이들에게 놀이를 통해 한글을 가르쳐야 한다. 놀이를 통해 한글을 가르치기 어렵다면 걱정하지 않아도 된다. 이 책을 본다면 얼마든지 아이에게 놀이를 통해 한글을 가르쳐줄 수 있을 것이다.

나는 한글 교육에 관한 책을 오래전부터 쓰고 싶었다. 한글에 대한 고정 관념을 가지고 아이들을 가르치는 우리나라 부모님들에게 생각의 전환점을 만들어주고 싶었다. 그래서 책을 쓰자고 결심했다. 그러려면 책 쓰기부터 배워야 했다. 나는 성공한 사람도 아니었고 그저 한글을 잘 가르치는 노하우만 가지고 있을 뿐이었기 때문이다.

그러던 중 우연히 김태광 대표의 저서『김대리는 어떻게 1개월 만에 작가가 됐을까』라는 책을 읽었다. 책 속에는 "성공해서 책을 쓰는 것이 아니라, 책을 써야 성공한다."라는 문구가 적혀 있었다. 일반적으로 성공한 교수님이나 박사님들이 책을 쓴다는 고정 관념을 갖고 있었는데, 이 문구는 이런 고정 관념을 완전히 깨부수었다. 나도 책을 쓸 수 있을 것 같았다. 책 속에서 나는 책 쓰기 코치의 일인자이신 김태광 님의 〈한책협〉을 알게 되었다. 〈한책협〉의 대표이신 김태광 코치님은 무려 1,100명이 넘는 사람들을 작가로 만들었다. 또한, 개인 저서 290권에, 수강생들의 책들까지 포함한다면 1,400권에 가까운 책을 기획, 집필하셨다. 국내 최고의 책 쓰기와 출판 노하우로 '출판 가이드 시스템' 특허를 취득하셨다. 책 쓰기에서는 정말 1인자가 맞다.

김태광 코치님께 배운 작가들은 수강 3주 만에 출판 계약을 맺는 등 빠르게 작가의 길을 걷고 있다. 나 또한 빠르게 출판 계약을 맺고 지금 이 책을 쓰고 있다. 무엇이든 최고에게 배운다면 빠른 결과를 얻을 수 있다. 책 쓰기에서는 단연 이분을 따라올 자가 없다. 다른 코치에게 거액을 지불하고 배워도 책 한 권 못 내고 〈한책협〉을 찾아오시는 분들이 부지기수다.

〈한책협〉은 책 쓰기뿐만 아니라 1인 창업 과정, 강연 과정, 온라인 카페 제작 등 성공으로 나아가는 길을 알려준다. 책 쓰기를 배우고 싶다면 〈한책협〉에서 빠르게 배우고 작가가 되길 바란다.

내 아이가 한글을 빨리 깨치기를 원한다면 부모 세대가 배웠던 방식으로 가르치려는 생각을 버려야 한다. 학습지에 의존하려는 생각도 버려야 한다. 한글 배우기는 학습이라는 생각도 버려야 한다. 이러한 고정 관념을 버리지 않는다면 소중한 우리 아이들은 한글을 재미있게 배울 수 없다. 영어나 수학처럼 놀이를 통해 한글에 접하도록 해주어야 한다. 이것조차 어렵다면 그림책을 재미있게 읽어주는 방법도 있다. 아이들은 그림책을 읽어주기만 해도 글자를 깨칠 수 있다.

최나야 교수는 이렇게 말했다.

"충분히 그림책을 본 아이들은 거기에서 익숙하게 여러 번 본 글자들을 '이 소리가 날 때 항상 저런 글자가 쓰여 있네.'라고 알아차리기 시작한다. 스스로 글자와 소리의 대응 원리를 파악하게 되면서 한글을 더 재미있고 덜 힘들게 익히는 것이다."

이처럼 한글은 놀이로 접할 수도 있고 책 읽기로 접할 수도 있다. 엄마가 조금만 고민한다면 내 아이에게 한글을 재미있게 가르칠 수 있는 방법은 많다. 아이가 좋아하는 놀이에 한글만 접목해도 충분하다. 아직도 어떻게 해야 하는지 고민이 되는가? 4장에서 다루는 놀이법을 참고하면 여러 가지 아이디어가 떠오를 것이다.

자, 이제 틀에 박힌 고정 관념은 버리자. 그리고 사랑스러운 내 아이에게 재미있는 놀이를 통해 한글을 가르쳐주자.

6

가르치려 하지 말고 알려줘라

"선생님, 아무래도 저는 복습을 못 하겠어요."

"어머니, 어떤 점이 힘드신 거예요?"

"아니~ 배운 걸 물어보고 모르면 가르쳐주는데 왜 대답을 못 하는지 정말 답답해요."

"어머니, 한 번 배웠다고 어떻게 배운 걸 다 기억하겠어요. 저도 책 한 권 읽어도 기억나는 건 아주 일부예요. 어머니께서도 배우셨던 거 다 기억 못 하실 걸요? 그러니 마음을 좀 내려놓으시고 그냥 놀아주세요. 놀아주는 건 어렵지 않으시잖아요."

가끔 이렇게 하소연하는 엄마들이 있다. 아이와 복습이 힘든 것이다. 왜 힘든 걸까? 아이에게 대답을 듣기를 바라고 대답을 못 하면 답답하고 화도 나기 때문이다. 그럼 왜 화가 날까? 배웠으니 결과가 나오길 바라는 마음이다. 아이들은 일주일에 한 번 선생님을 만나 15분 수업한다. 그 짧은 시간에 배운 것을 얼마나 기억하겠는가. 가르쳐준 것을 바로 물어봐도 대답 못 하는 경우가 부지기수다.

아이들을 가르칠 때는 마음을 비워야 한다. 뭔가 큰 기대를 하지 말아야 한다. 아이들이 배운 것을 몰라서가 아니다. 한글을 배우는 시기의 아이들은 연령이 어린 유아들이다. 이런 유아들은 뭐든 놀면서 배우는 것이 빠르다. 딱딱하게 가르치기만 하는 것은 효과가 적다. 몸으로 놀고 노래 부르고 게임하면서 배우면 재미있기 때문에 배움에 대한 흡수가 빠르다.

나는 우리 첫째 아이와는 공부를 함께하지 못했다. 아이가 엄마와 하는 것을 싫어하고 힘들어 했다. 그래서 첫째와 마주 앉아 공부하는 것이 힘들었다. 나는 아이들을 가르치는 일을 오래 했다. 유아 수업을 많이 했지만 내 아이에게는 유아들 가르치는 것처럼 하지 못했다. 정말 말 그대로 가르치려고만 했다. 그러니 아이가 하기 싫은 건 당연하다. 하루 종일 다른 아이들과 수업을 하고 오면 지친다. 잠시도 쉬지 않고 말을 하다 보면 집에 와서까지 말하기가 힘들다. 그러다 보니 내 아이에게는 놀이보다는 가르치는 것이 쉬웠다. 반면 둘째와 막내에게는 달랐다. 첫째와의 시행착오를 겪지 않으려 노력했다. 첫째에게는 엄마가 잘 놀아주지 못해서 미안한 마음이 크다.

우리 세대의 엄마들은 모두 주입식 교육을 받았다. 아이들을 교육할 때 놀이보다 가르치는 방식이 더 익숙하고 쉽다. 『하루10분 놀이영어』의 저자 이지혜는 "엄마들이 '내가 했던 영어 공부는 주입식이야. 내 아이도 주입식으로 해야 빨리 영어로 말할 수 있어.'라고 생각한다면, 아이는 즐겁게 영어를 시작할 수 없게 된다."라고 한다. 나도 처음에 어린이집에서 아이들에게 한글을 가르칠 때 주입식으로 가르쳤다. 아이들마다 효과는 다르게 나타나지만 대부분의 아이가 한글을 떼는 데 어려움을 겪었다.

나는 주입식이 아이들에게 크게 도움이 되지 않는다는 것을 뒤늦게 깨달았다. 우리 첫째 아이까지만 해도 주입식으로 가르치려 했다. 아이는 주입식 교육에 힘들어했고 엄마와 공부하는 것을 꺼렸다. 이렇듯 주입식 교육의 효과는 미비하다. 초등학교 시절 사회를 배울 때도 사회는 암기 과목이었다. 중요한 것들을 외우면서 쪽지 시험을 봤다. 쪽지 시험을 보기 전에 옆집 친구와 교과서를 펼치고 서로 문제를 내며 교과서 내용을 외우다시피 했다. 그렇게 공부한 내용들은 시간이 지나면서 다 잊는다.

막내 아이와 낱말 카드로 배운 내용을 복습한다. 스피드 게임으로 하면서 아이가 읽지 못하는 것은 따로 구분한다. 알고 있는 것과 모르는 것을 구분해서 모르는 단어들을 다시 읽어주며 반복한다. 그래도 어려워하는 글자는 계속 어려워한다. 수차례 반복을 해도 어려운 단어가 있다. 그런 단어는 또 다시 따로 분류한다. 그리고 그 단어들을 가지고 다른 놀이를 한다. 그렇게 놀이를 반복하면서도 정말 안 되는 글자도 있다. 그래도 괜찮다. 한 글자를 배우게 되고 받침을 배우면 다 읽게 되니 마음이 급하지 않다. 낱말 카드로 다양한 놀이를 하다가 모르는 글자가 있어도 아이를 다그치지 않는다. 모른다고 다그치는 순간, 아이는 어떤 놀이도 하지 않으려고 할 것이다. 모르는 것은 그냥 남겨두고 다음 단계로 넘어가도 된다.

엄마와 놀면서 한글을 배운 막내는 책상 앞에 앉아서 하는 것도 즐거워한다. 그러니 가르치는 것도 더 쉬웠다. 책상에 앉아서 공부한다고 주입식으로 하지 않는다. 아이가 쉽게 이해하고 인지할 수 있도록 소리를 들려주거나 입 모양을 보여주었다. 한두 가지만 설명해주고 설명한 것을 음률을 넣어서 반복하면 아이도 지루해하지 않는다. "가에다 기역 하면 각, 나에다 기역 하면 낙, 다에다 기역 하면 닥…" (리듬감 있게) 이렇게 배운 내용을 재미있게 반복한다. 다음 날 복습할 때 다행히 막내는 전날 배운 내용을 기억하고 있었다. 엄마와 공부한 것이 재미있어서 기억했을 것이다.

아이가 기억하더라도 나는 한 번 더 되짚어주며 알려준다. 아이도 엄마가 하는 말을 따라 하며 공부를 즐긴다. 아이 셋 중에 막내가 엄마와 가장 즐겁게 공부했다. 막내라 그랬을지 모르겠지만 배운 것을 몰라도 크게 개의치 않았다. 모르면 다시 알려주고 반복해주었다. 엄마가 야단을 안 치고 가르쳐주니 막내는 엄마와의 공부를 즐거워했다. 둘째는 거의 혼자 한글을 뗀 셈이다. 학습 태블릿으로 스스로 반복하며 복습했고, 책을 읽으며 글자의 패턴을 이해했다. 이런 둘째에게는 크게 가르쳐줄 것이 없었다. 한글을 다 읽으니 더 이상 가르치지 않아도 된다고 착각했다.

요즘 막내는 영어 문제 내기에 빠졌다. 어린이집 하원하면서 "엄마! 뿔을 영어로 뭐라고 하는지 알아요?", "엄마! 날개는 영어로 뭔지 알아요?" 하며 질문을 쏟아낸다. 어린이집에서 배운 영어를 엄마에게 자랑하고 싶은 것이다. 영어뿐만 아니다. 어린이집에서 배운 내용들을 엄마에게 설명하기도 한다. 안전 교육에 관한 내용, 수업 시간에 배운 내용, 실험을 통해 알게 된 내용 등 하원길에 엄마에게 자랑하기 바쁘다. 둘째는 이제 초등학생이다. 학교에 입학한 지 며칠 되지도 않아서 학교 공부가 힘들다고 말한다.

사실 1학년은 학기 초에 공부는 하지 않는다. 학교생활에 대해 배우고 학교 이곳저곳을 다니면서 학교에 익숙하도록 하며 화장실 가는 법도 배운다. 교과서는 3월 중순부터 시작된다. 그런데도 공부가 힘들다고 말하는 것은 학교라는 곳이 가져다주는 분위기 때문일 것이다. 어린이집은 놀면서 배우는 반면 학교는 책걸상에 앉아서 선생님을 바라보며 정숙한 분위기에서 수업이 진행되니 공부가 힘들다고 말하는 것이다. 학교에서도 활동 중심의 수업이 진행되지만 아이는 어린이집과 학교와의 차이를 몸소 느끼는 것 같다.

어린이집에서 한글과 수학, 영어를 배우고 다 쓴 교재를 가져온다. 요즘은 어린이집에서 6세가 되면 한글을 가르친다. 교재를 살펴보면 한 글자부터 배워 나간다. 내 주변의 엄마들에게 물어보면 한글을 어린이집에서 배워온 게 전부라고 한다. 집집마다 다 사정은 다르다. 하지만 보통은 엄마가 가르치기 힘들어서 또는 어떻게 가르쳐야 할지 몰라서 어린이집에 맡기는 경우가 많다. 내가 그랬듯이 엄마가 가르치다가 아이가 모르면 답답하고 화도 나기 때문일 것이다. 어린이집에서 한글을 배워도 초등 4학년이 되어서도 아직 글씨 쓰는 것이 서툴다고 한다. 이것은 받침 음가를 배우지 못해서 그런 경우다. 엄마들이 가르치는 방식은 비슷하다. 또 엄마가 어떻게 가르쳐야 할지 구체적으로 모르기 때문이다. 이 책을 처음부터 끝까지 읽는다면 한글 가르치는 것에 대한 윤곽이 잡힐 것이다.

엄마들은 아이들을 가르치는 방법을 잘 모르는 경우도 많다. 또 어떻게 놀아줘야 할지 방법을 모르기도 한다. 아빠들도 아이와 10분 놀아주면 많이 놀아주었다고 생각한다. 오랜 시간 놀아주는 것이 꼭 좋은 것만은 아니다. 양보다 질적으로 놀아줘야 한다. 학습도 마찬가지다. 오랜 시간 앉아 있는다고 잘하는 것이 아니다. 짧은 시간 배운 것에 대한 핵심을 아는 것이 중요하다. 나는 늦둥이들과 놀아주면서 한글과 수를 가르쳤다. 놀면서 가르치니 아이들도 좋아하고 흥미를 가졌다. 아이들은 엄마는 엄마일 뿐 선생님이 아니라 생각한다.

우리 늦둥이들도 자기들이 하는 질문에 대답을 해주고 설명해주면 "오~~!"라고 감탄사를 내뱉는다. 엄마는 모를 것이라는 전제를 깔고 물어보기 때문에 엄마가 대답을 해주면 놀라워하기도 하는 것이다. 『우리 아이 첫 영어, 저는 코칭합니다』의 저자 이혜선은 "엄마는 자녀의 학습 파트너를 넘어서 코치가 되어야 한다. 즉 가르치는 역할보다 아이를 객관적으로 바라보고 배운 것을 꺼내어 확인할 수 있는 아웃풋 환경을 만들어주어야 한다. 이를 통해 아이가 자기 주도 학습을 할 수 있게 만드는 것이 엄마의 진정한 역할이다."라고 한다. 아이를 가르치는 선생님만 코칭을 할 수 있는 것은 아니다.

엄마도 내 아이가 학습을 주도적으로 잘할 수 이끌어주는 조력자가 될 수 있다. 꼭 가르치는 것만이 정답은 아니다. 아이를 코칭하고 이끌어주면서 아이가 스스로 방향을 잘 찾아갈 수 있도록 길잡이가 되어주어라. 아이가 모르는 것을 물어보는 것은 당연한 것이다. 아이가 질문을 한다는 것은 알고 싶어 하는 것이다. 호기심이 있는 것이다. 아이의 질문에 반응을 해주어라. 질문에 대한 거절을 받는다면 아이는 다시는 물어보는 일이 없을 것이다. 내 아이가 궁금한 게 없어진다면 얼마나 안타까운 일인가.

7

더도 말고 덜도 말고 하루 10분만 투자하라

앞집 아이에게 한글 테스트를 했다. 아이가 글자를 읽는 것 같은데 엄마는 본인 아이가 얼마나 글자를 아는지 모른다고 한다. 내가 가지고 있는 낱말 카드로 읽혀보았다. 아이가 사물 인지가 잘되어 있는 것은 글자만 봐도 잘 읽었다. 반면 그렇지 못한 낱말은 이미지를 보여줘도 잘 모른다. 비둘기, 독수리, 청소기 등 여러 가지 낱말을 읽지 못했다. 글자가 어려워서가 아니다. 사물에 대해 정확히 알지 못해서 글자도 어려워한다. 낱말 카드를 한 번씩 점검하고 한 글자씩 쓴 낱말을 조합하도록 했다. 여기까지는 제법 잘했다.

한 글자 단계로 넘어가 점검을 했더니 '가부터 하까지 모르는 글자들이 있었다. 낱말 단계에서 제법 잘 읽었기에 한 글자를 다 알면 받침을 가르치려고 했다. 아이는 한 글자를 더듬더듬 읽는 정도였다.

앞집 아이에게 한글을 가르쳐주기로 했다. 내년에 학교를 가야 하니 한글은 어느 정도 떼고 가야 한다. 물론 학교에서 한글을 가르쳐준다. 하지만 글을 읽고 이해하는 능력도 필요하다. 어린이집에서 하원하면 10~15분 정도만 아이와 수업하기로 했다. 이 시간이면 충분하다. 오랜 시간 한다고 해서 효과가 있는 것이 아니다. 양보다 질이다. 자장면을 먹는데 양이 많은 것보다 적은 양이라도 맛있게 먹는 것이 좋지 않겠는가.

이 아이는 동생이 둘이나 있다. 동생들이 있으니 엄마가 큰아이에게 집중해서 공부를 가르쳐주기 어렵다고 한다. 아이와 공부를 하는 시간이 긴 것도 아니다. 공부를 한다고 해서 꼭 책상에 앉아서 해야 하는 것도 아니다. 동생들과 놀면서 충분히 할 수 있는데 이 엄마는 아이들 보는 것만으로도 힘겨워 한다. 육아를 너무 힘들어하니 내가 도움을 주는 것이다. 이 소식을 들은 윗집 엄마들도 자기 아이를 가르쳐달라고 아우성이다. 조만간 아이들의 스케줄에 맞춰서 일주일에 한 번씩 수업할 예정이다. 예전에는 교재가 없으면 수업이 힘들었다. 이제는 내 아이와 한글 놀이 했던 노하우와 교사하면서 쌓은 노하우를 접목시켜서 충분히 수업이 가능하다. 수업이 가능하다는 것은 아이와 놀아줄 수 있기 때문이다.

아빠들은 아이와 놀아주는 시간이 최대 30분을 넘지 못한다. 그 시간에 온 에너지를 쏟으며 놀아주기 때문에 아빠는 힘이 들고 아이는 아빠와의 놀이가 즐겁고 또 놀고 싶은 것이다. 이런 아빠의 모습을 본 엄마들은 "나는 하루 종일 집안일하고 아이들 키우는데 30분이 뭐가 힘드냐."라고 핀잔을 준다. 엄마들이 보기에 30분밖에 아이와 놀아주지 않는 아빠가 못마땅할 수 있다. 엄마는 일도 하고 아이도 돌보고 살림도 하니 말이다. 하지만 아이들을 잘 살펴보라. 아빠와 짧은 시간을 놀았지만 아빠와의 시간을 기억하고 즐거워하고 또 놀고 싶어 한다. 왜 그럴까? 짧은 시간이지만 온전히 아이에게 집중이 되어 있기 때문이다. 놀이뿐만이 아니다. 아이에게 공부를 가르칠 때도 짧은 시간이라도 아이에게 집중하면 된다. 아이와 함께할 때는 휴대폰도 잠시 내려놓아라. 집안일도 회사 일도 잠시 내려놓아라. 아이는 자기와 집중해주는 엄마와의 시간이 그 어느 시간보다 행복할 것이다.

학창 시절 50분 수업 후 10분의 휴식은 꿀처럼 달콤하다. 10분이라는 시간은 왜 이리도 빨리 지나가는지 야속하기 짝이 없다. 수업 끝나면 화장실 다녀오고 앞, 뒤 친구들과 어제 본 드라마 이야기하다 보면 수업 시작을 알리는 종소리가 들린다. 이렇듯 10분은 눈 깜짝할 사이에 지나간다. 이 짧은 시간을 어떻게 알차게 보낼 수 있을지 생각해보자.

10분 동안 아이와 무엇을 할 수 있을까? 나는 아이와 짧은 시간을 활용할 때는 낱말 카드 놀이를 했다. 카드를 책상에 펼쳐놓고 게임을 한다. (게임 방법은 4장을 참고하기 바란다.)

꼭 카드 놀이가 아니어도 괜찮다. 아이의 컨디션에 따라 상황에 따라 아이와 함께할 수 있는 것들은 충분히 많다. 저녁 식사 후, 잠자기 전, 귀가 후, 책 읽기 전후 등 아이와 함께할 수 있는 시간은 어떻게든 만들 수 있다.

내가 북 큐레이터로 일할 때다. 하루 일과 중 저녁 8시가 되면 모든 것을 멈추고 책을 읽는다. '리딩 타임'의 시간이다. 아이들과 책을 읽거나 북패드로 학습하는 모습을 사진 찍어 단톡방에 인증한다. 이것이 처음부터 잘되었던 것은 아니다. 나도 처음에는 시간을 지키기가 어려웠다. 집집마다 저녁 식사 시간도 다르고 취침 시간도 다르다. 또 잊어버리기도 한다. 여러 번의 시행착오 끝에 리딩 타임에 익숙해져갔다. 아이들은 시간 개념이 없을 때라서 시간은 모르지만 저녁을 먹고 난 후에는 책을 읽는다는 것을 인지하고 있다.

리딩 타임의 시간을 맞추기 위해서 나는 식사 시간과 아이들 취침 시간을 고려해서 책 읽는 시간도 준비를 한다. 리딩 타임 전까지 내 할 일을 다 해놓고 책을 읽어주려 했다. 식사 후 설거지라든지 아이들 씻긴다든지 미리 해놓는다. 시간이 빠듯하면 리딩 타임 후에 하기도 한다. 시간을 내 상황에 맞게 조절하면 충분히 가능하다.

책 읽는 시간이 한 시간을 넘지 않기 때문에 부담도 없다. 저녁 8시에 책을 읽어주고 잠자리에서는 어플을 사용해서 책을 듣는다. 우리 아이들은 그렇게 자면서도 책을 들었다.

나는 아이들 밥 먹이는 일이 가장 힘들다. 둘째는 입이 짧고, 막내는 편식이 심하다. 식사 시간마다 전쟁이다. 나는 밥을 어떻게든 먹이려 하고 아이들은 그런 엄마의 마음도 모른 채 세월아 네월아 밥을 먹는다. 밥 먹는 시간이 30분을 넘지 않도록 아이들에게 시간을 알려준다. "지금 긴 바늘이 3에 가 있지? 긴 바늘이 9에 갈 때까지 밥 다 먹어야 해. 그 시간까지 못 먹으면 엄마는 밥 치울 거야."라고 말한다. 이렇게 시간을 주면 아이들은 다 먹기도 하고 못 먹기도 한다. 식사 시간에 시계 보는 연습을 하면서 아이들과 놀이할 때나 정리할 때, 시간을 정해두고 움직이도록 했다.

내가 시간 개념을 조금씩 알려주다 보니 공부할 때도 시간을 적용한다. 초등학생이 된 둘째에게 문제집을 풀게 할 때에도 시간을 정해준다. 공부할 분량보다 시간을 정하면 아이는 더 빨리 끝내려고 문제에 집중한다. 분량을 정해주면 한 문제 풀고 남은 것 확인하며 시간을 다 보낸다. 또 아이가 공부할 양이 많다고 느껴서 부담스러워한다. 한 페이지를 풀어도 집중해서 제대로 풀어야 한다는 것이 내 교육 방식이다. 양보다 질적인 것을 더 좋아한다.

자녀 교육서들을 보면 제목에 시간을 다루는 책들이 많다. 하루 30분, 하루 15분, 하루 10분… 왜 이렇게 시간을 강조했을까? 나는 아이들의 집중 시간이 짧기 때문이라 생각한다. 유아들의 집중 시간은 길어야 최대 20분이다. 초등학교 수업 시간도 40분이다. 연령에 따라 집중하는 시간도 다르고 아이들 성향마다 다르다. 유아들의 집중 시간을 20분으로 말하는 것은 평균적인 시간이다. 사실 이 시간보다 더 집중을 못 하는 경우도 많다. 하루에 내 아이를 위해서 10분 정도는 얼마든지 투자할 수 있다. 10분 동안 온 힘을 다해 놀아줄 수도 있다. 10분 동안 책 한 권 읽어줄 수 있다. 10분 동안 하루 일과를 이야기 나눌 수 있다. 이 짧은 시간에 마음만 먹으면 아이와 무엇이든 할 수 있다.

나는 코로나로 집에서 아이들을 돌보면서 아이들을 직접 가르쳤다. 아이들이 의자에 앉아 있는 시간도 길지 않다. 아이들에게 해주고 싶은 것이 많을 때는 짧은 시간을 여러 번 나눠서 했다. 책 읽기는 책 한 권 읽는 시간 정도, 한글은 10~20분 집중적으로 놀거나 공부했다. 수학은 간식 먹는 시간을 활용하기도 했다. 과자를 주거나 할 때 수 세기도 해보고 가르기, 모으기도 해보았다.

"수민아, 지금 과자가 몇 개 남았는지 세어볼까?"

"다섯 개 남았어요."

"그래, 그럼 과자를 두 개 더 먹으면 몇 개가 남지?"

간식을 먹으면서도 자연스럽게 수학 놀이를 할 수도 있다. 아이와의 모든 학습은 자연스럽게 일상생활에서 이루어진다. 아이들에겐 일상이 공부가 되고 놀이가 된다. 내 아이에게 꼭 지식을 가르쳐야 한다는 생각을 버려라. 아이들에게 10분은 정말 짧은 시간이다. 이 시간만 제대로 활용해 보자. 10분만이라도 아이에게 집중하자. 아이가 여럿 있다면 아빠와 함께하라. 기쁨과 즐거움은 더할 나위 없다. 그리하면 아이는 아빠와 엄마의 사랑을 듬뿍 받는다고 느낄 것이다. 더도 말고 덜도 말고 하루 10분만 아이에게 투자하라.

3장

엄마표 한글
딱! 8가지만
기억하라

배운 것을 확인하려 하지 마라

우리 첫째는 다섯 살에 한글을 시작했다.

한글을 어떻게 가르쳐야 할지 방향을 잡을 수 없었던 나는 학습지 상담을 받았다. 교구도 다양하고 낱말 카드 글자의 색깔도 예쁘고 선물도 푸짐하게 챙겨주는 H사 학습지를 선택했다. 매주 월요일 오후 5시 수업 약속을 했다. 부랴부랴 퇴근하고 선생님 맞이할 준비를 한다. 신나는 노랫소리도 들리고 우렁찬 선생님의 목소리가 나를 안심시켰다. 잘 배우고 있으리라 믿었다. 나는 바쁘다는 핑계로 수업 후 복습을 해주지 못했다. 그렇게 선생님에게 의지했다. 수업 시간에 지난 시간 복습을 한다. 나는 배웠으니 당연히 알겠지 생각했다. 그건 내 착각이었다. 아니 어쩌면 알 았을지 모른다. 첫째는 알고 있어도 표현하지 않았다. 그 사실을 뒤늦게 야 깨달았다. 1년 정도 학습을 했는데 아이가 전혀 표현을 하지 않으니 효과가 없다고 생각했다. 계약 기간도 끝난 상황이라 학습을 중단했다. 6개월 정도 휴식기를 가졌다. 여섯 살 후반이 되니 점점 불안해지기 시작 했다. 같은 직장 동생이 다른 학습지를 추천했다.

나는 후배의 추천으로 학습지를 다시 시작했다. 새로 시작한 학습지는 선생님도 마음에 들었고 교재도 마음에 들었다. 나는 아이들 가르치는 일 을 하고 있으면서도 정작 내 아이 학습에 대한 복습은 해주지 못했다. 학 습지를 바꾸고 이번에도 선생님에게만 의지를 했다. 그리고 나는 학습지 선생님의 추천과 같이 일했던 동생의 권유로 W 학습지 회사에 입사했다.
한 달가량 교육을 받고 교재 공부를 하고 수업 시연 연습을 하면서 선 생님이 되었다. 학습지 교사가 되면서 깨달았다. 그동안 내가 아이에게 잘못하고 있었다는 사실을.

학습지만 한다고 전부가 아니었다. 복습이 무엇보다 중요했다. 난 그 걸 놓치고 있었다. 복습을 못 해주고 있었으니 내 아이의 학습이 어디까 지 진행이 되는지 알지 못했다. 학습지 교사가 되고 나니 내 아이의 학습 에 욕심이 생겼다. 그래서 아이가 어느 정도 알고 있는지 궁금했다.

"민호야, 엄마랑 공부하자. 자, 이 글자 뭐야?"

"…."

"이거 배웠는데 몰라?"

"…."

"그럼 이거는 뭐야?"

"…."

내 아이는 말이 없었다. 도대체 아는지 모르는지 알 길이 없었다. 답답했다. 한편으로는 화가 났다. 시간과 돈을 들여서 공부를 시켰는데 모르는 것 같으니 말이다. 이건 아이의 잘못이 아니다. 엄마의 잘못이다. 엄마가 복습을 해주지 않았고, 아이에게 확인하는 방법도 잘못된 것이었다. 그렇게 첫째와의 학습은 제대로 이루어지지 않았다. 내가 가르치는 아이들은 너무 잘하는데 정작 내 아이는 못한다는 생각이 드니 복장 터질 일이었다. 아이를 붙들고 앉아서 복습을 해줄 때마다 화가 났고 아이를 나무랐다. 엄마에게 야단맞으니 아이는 당연히 공부에 흥미를 잃고 하기 싫어했다. 엄마의 물음에 대답이 없는 것은 당연했다. 일곱 살이 되어도 한글을 못 뗀 것 같아 조바심이 들었다.

내 아이를 가르치는 선생님과 진지하게 상담을 했다. 선생님의 말씀으로는 수업 시간에 집중도 잘하고 진도도 무리 없이 잘 따라온다고 했다.

그런데 엄마와 복습을 하는 시간에는 하기 싫어하고 대답을 안 한다고 하니 선생님은 엄마의 조급함을 조금 내려놓으라 하신다. 엄마가 다그치면 아이는 주눅이 들어 더 대답을 못하고 흥미를 잃는다고 말이다. 그 후로 나는 첫째와의 학습을 중단하고 선생님께 부족한 과목을 다른 과목 시간에 좀 더 집중해서 수업해주실 것을 부탁드렸다.

첫째가 일곱 살이 되고 겨울이었다.

나도 모든 수업을 마치고 집으로 돌아가는데 첫째 학습지 선생님께 전화가 왔다.

"어머니! 민호가 글자를 읽어요!"

"어머! 정말요?"

"네~! 문장도 잘 읽고 이해도 잘해요. 진도를 건너뛰어도 될 것 같아요."

"네~ 선생님~ 감사합니다. 선생님께서 진도 조정해서 해주세요."

"민호가 글자를 알면서 그동안 말을 안 했던 것 같아요. 갑자기 글자를 읽어서 저도 깜짝 놀랐어요."

"네 선생님~ 정말 감사합니다. 민호 잘 부탁드릴게요."

그랬다. 내 첫째 아이는 다 알고 있었다. 알고 있었는데 틀리면 엄마에게 혼날까 봐 불안했던 것이다. 나는 그렇게 엄마로서 학습지 교사로서 배워나갔다. 내 아이에 대해 알게 되었고, 교사로서 아이들을 어떻게 가르치고 바라봐야 하는지 깨달았다. 첫째 아이에게 시행착오를 겪고 나니 수업 후에 엄마들과의 상담에도 자신감이 생겼고, 둘째와 셋째에게 일어날 시행착오를 줄일 수 있었다.

이 시행착오가 비단 나만의 실수는 아닐 것이다. 대부분의 엄마가 돈 들여 교육을 시키면 효과가 있는지 확인하고 싶은 것은 인지상정이다. 내가 만났던 엄마들도 그랬다. 나와 똑같은 실수를 하고 있었다. 확인하고 싶은 마음은 안다. 하지만 아이의 성향과 학습의 진도와 아이의 컨디션을 어느 정도 살피면서 다른 방법으로 해야 한다.

우리 둘째 아이는 30개월에 한글을 시작했다. 몇 년 전부터 태블릿 학습이 주를 이루고 있었다. 나는 미디어 학습에 크게 부정적이지 않았다. 그래서 태블릿 학습을 시작했고 아이는 스스로 조작을 하면서 자연스럽게 혼자 복습을 하게 되었다. 혼자서도 복습이 잘되니 내가 크게 신경 쓸 일이 없었다. 그리고 늦둥이 둘째라 그런지 크게 확인하고 싶은 마음이 생기지 않았다.

그런데 아빠의 마음은 달랐다. 아이가 배운 글자를 아는지 궁금해했다. 나에게 아이가 제대로 배우고 있는 게 맞는지 묻기도 했다. 둘째와 함께 태블릿을 하면서 놀아주었다. 그리고 먹 글자 맞추기를 하도록 유도했다. 둘째는 먹 글자를 다 읽어냈다. 아빠는 아주 좋아한다. 하지만 나는 아이가 정형화된 글자가 아닌 다른 글자도 읽을 수 있는지 궁금했다.

스케치북에 6개의 단어를 중구난방으로 써놓았다.

"수민아, 엄마랑 글자 찾기 놀이 해볼까?"

"글자 찾기 놀이?"

"응, 엄마가 노래 부를 테니까 수민이가 엄마가 부르는 글자를 찾아보는 거야."

"사과는 어디 있나~ 요~~기~, 배는 어디 있나~ 요~~기~, 바나나는 어디 있나…."

내가 노래를 부르면 수민이는 내가 부른 글자를 척척 찾으며 손가락으로 가리켰다. 아빠는 이제 네 살 된 아이가 글자를 찾으니 '하하하' 웃으며 대견해했다. 나도 놀라웠다. 수백 명의 아이들을 가르쳐 봤지만 통 문자 단계에서 엄마가 써낸 글자를 읽는 아이는 흔하지 않았다. 인쇄된 글자는 읽더라도 손 글씨의 글자를 읽는 일은 정말 드물었다. 그런데 내 아이가 손 글씨를 읽어냈다. 한글을 배운 지 3개월밖에 되지 않는데 말이다. 우리 둘째는 그렇게 한글을 빨리 깨쳤다.

첫째와 둘째 아이는 한글을 가르치는 방법도 달랐고 배운 것을 확인하는 방법도 달랐다. 첫째는 시행착오를 겪었고, 둘째는 그 시행착오를 줄이고 아이가 학습에 흥미를 잃지 않도록 다른 방법을 찾은 것이다. 노래 부르는 방법 외에도 다른 방법으로도 배운 것에 대한 점검을 할 수 있었다. 둘째는 자연스럽게 받아들이고 즐겁게 놀면서 배웠다. 나는 아이들을 키우고 가르치면서 경험하고 깨달았던 것들을 내 수업을 받는 엄마들에게 모두 알려주었다.

아이는 하얀 백지와 같다. 하얀 백지에 엄마가 어떻게 그림을 그려주느냐에 따라 아이의 학습 능력은 달라진다. 내 아이의 강점이 무엇인지, 약점이 무엇인지 먼저 파악하라. 또 무엇을 좋아하는지 파악하라. 내 아이가 좋아하는 놀이를 통해서 확인하라. 무조건 질문하는 형식은 피하라. 아이가 모른다고 야단치지 마라. 모르면 다시 알려주고 가르쳐라. 어른도 한 번 배운다고 다 기억하지 못한다. 아이도 마찬가지다. 열 번이고 스무 번이고 계속 알려주고 가르쳐줘라. 즐겁게 가르쳐줘라. 그래야 아이도 흥미를 가지고 재미있게 할 것이다.

- 2 -

아이들은 하얀 백지와 같다

13년 만에 늦둥이 둘째를 얻었다.

첫째를 다 키우고 얻은 둘째라 모든 것이 새로웠다. 신생아 목욕시키는 것부터 수유하는 것까지 육아가 처음이 되어버렸다. 첫아이를 낳았을 때처럼 아이를 잘 키우고 싶은 욕심은 많았다. 첫째를 목욕시키고 닦아주면서 동화를 틀어주었던 것처럼 둘째도 그렇게 했다. 잠자리에서 편안하게 잘 수 있도록 이야기를 틀어주고 음악을 들려주었다. 둘째가 옹알이를 시작한다. 옹알이에 반응해주며 언어 자극을 주고자 대꾸해준다. 아기의 목소리나 옹알이는 아기의 감정이나 의사 전달을 하는 가장 좋은 수단이다. 아기는 엄마와의 옹알이를 주고받으며 의사소통의 기초를 깨우치게 된다.

엄마는 아기를 낳으면 책도 읽어주고 노래도 들려준다. 또 대상에 대한 인지도 시켜준다. 엄마, 아빠, 할머니, 할아버지 등 가족들의 호칭에 대해서도 가르쳐준다. 첫째를 낳았을 때 친정엄마가 첫째를 많이 돌봐주셨다. 친정엄마는 동물 그림이 있는 벽보를 사오셔서 첫째에게 동물 이름을 가르쳐 주셨다. 말은 못 하지만 외할머니가 부르는 동물을 손가락으로 척척 가리켰다. 첫째는 이렇게 동물의 생김새와 이름을 배웠다. 아직 말을 못 하는 아이들도 인지 능력은 잘 발달되어 있다. 어른들은 가끔 "아직 말도 못 하는데 얘가 뭘 알겠어?"라고 한다. 말을 못 한다고 해서 아이들이 배움을 받아들이지 못하는 것은 아니다. 아이들은 가르쳐주면 가르쳐주는 대로 쏙쏙 흡수한다.

"아이들은 스펀지와 같다."라는 말을 한 번쯤은 들어봤을 것이다. 이 말을 믿고 엄마들은 아이에게 뭐든 빨리 가르치려 한다.

조기 교육이 좋다는 말을 들으면 내 아이에게 어떤 조기 교육을 시켜야 할지 고민한다. 조기 교육도 조기 교육 나름이다. 내 아이에게 맞지 않는 교육은 시간과 돈만 낭비할 뿐 아무 의미가 없다. 하지만 언어에 대한 교육, 아니 자극은 빠를수록 좋다. 옹알이가 폭발적으로 이루어지는 시기에는 아이의 옹알이에 충분히 반응해주어야 한다. 옹알이 시기에 반응이 없다면 아이의 언어 발달은 늦어질 수밖에 없다.

우리 둘째가 옹알이를 한참 하던 때다. 옹알옹알 거리며 무슨 말을 그렇게나 하고 싶은지 옹알이에 반응해주고 같이 이야기해주면 팔과 다리를 파닥거리며 온몸으로 기분 좋음을 표현한다. 옹알이도 더 폭발적으로 한다. 이런 모습을 보았을 때 아이는 엄마의 반응을 기다린다. 엄마와 이야기하기를 원한다.

나는 내 아이들이 커가면서 항상 걱정하는 것이 있다. 아들만 셋이다 보니 거친 언어를 쉽게 배우고 사용하게 된다. 다행히 첫째는 초등학교 2학년 때부터 존댓말을 사용해왔다. 그러다 보니 말조심을 더 하게 되고 특히 어른들 앞에서는 나쁜 말을 사용하지 않는다. 요즘은 아이들이 쉽게 거친 언어 표현들을 한다. 나는 내 아이들이 그런 환경에 노출되지 않도록 노력한다. 아이들은 아직 감정 표현에 서툴다. 화가 나고 속상한 감정을 표현할 방법을 몰라 주변에서 들은 거친 말들로 감정 표현을 하기도 한다. 아이들은 좋은 말보다 나쁜 말들을 더 빨리 배운다. 나쁜 말들은 그만큼 자극적이기 때문에 아이들 귀를 자극하고 더 잘 들리는 것이다. 이렇듯 아이들은 무엇이든 빠르게 흡수하고 배운다. 왜 그럴까? 아이들은 아직 어떤 것이 옳고 그른지 판단하지 못하고 그저 들리는 대로 보이는 대로 배운다. 그렇기 때문에 주변 환경의 영향도 매우 중요하다.

'맹모삼천지교'라는 말이 있다. 맹자의 어머니가 모방하려는 기질이 강한 맹자를 위해 세 번 이사를 다니며 맹자를 가르쳤다는 일화를 모두 알 것이다. 맹자는 모친의 노력으로 유명한 사상가로 자랄 수 있었다.

그 아이를 보면 부모를 안다고 했다. 아이의 행동에서 부모의 행동이 보이고, 아이의 말에서 부모의 말이 보이는 것이다. 우리 앞집에 살던 사 남매가 있었다. 이 아이들은 말이 상당히 거칠었다. 그 말을 들은 우리 둘째도 그 아이들의 말을 따라 했던 적이 있었다. 나는 내 아이에게 '말은 곧 인격이다.'라는 것을 강조하며 그 사람의 말 한마디가 어떤 영향을 미치는지 설명했다. 사 남매들의 행동과 말들을 관찰해보니 그 엄마가 그러한 모습을 보였다. 엄마의 거친 말들이 아이들을 그대로 따라 하게 만들었다. 엄마의 물건을 두고 다니는 습관을 아이들도 그대로 자연스럽게 배우게 된 것이다. 우리 집에 놀러 왔다가 마스크를 놓고 가거나 장난감을 놓고 가는 경우도 있다. 아이들이 놓고 간 물건들을 돌려주러 가면 엄마의 행동들이 고스란히 보인다. 나는 그 아이들의 말과 행동이 어디서부터 비롯되었는지 깨달았다.

비단 이 아이들만의 문제는 아니다. 모든 아이는 부모의 모습을 그대로 배우고 학습하게 된다. 그대로 하라고 말하지 않아도 말이다. 내가 어린이집 교사를 하던 시절이다. 우리 반에 단짝 커플이 있었다. 두 아이가 노는 모습을 보면 정말 귀엽고 재미있었다.

"여보! 오늘 단둘이 시원하게 맥주나 한잔할까?" 하고 말하며 소꿉놀이를 하는 모습을 보았다. 나는 이 아이들이 하는 말을 듣고 깜짝 놀랐다. 어떻게 이제 겨우 네 살인데 저런 말들을 할까 생각했다. 이 아이들은 부모님의 모든 것을 보고 듣고 따라 한 것이다. 그 아이들의 부모님이 아이 앞에서 미처 생각하지 못하고 너무나 사이가 좋다 보니 이런 말을 한 것이다. 아이들은 부모님이 일상적으로 하는 대화도 모두 귀담아듣고 그대로 따라 한다. 아이 앞에서는 냉수 한잔도 못 마신다고 하지 않는가. 나는 우리 둘째가 동생을 대할 때 모습을 보고 깜짝 놀란 일이 있다. 내가 둘째를 훈육하면서 했던 말과 행동을 그대로 따라서 동생에게 했기 때문이다. 일상생활에서 무심코 하는 부모의 언행이 아이들에게는 큰 영향을 미치게 된다. 아이들은 무엇이든 보고 빠르게 배우고 흡수하는 스펀지와 같다.

아이들은 하얀 백지와 같다. 하얀 도화지에 그림을 그려주는 대로 아이들은 그대로 자란다. 연필로 그림을 잘못 그려서 다시 지운다 해도 자국은 남는다. 도화지에 자국을 남기기 전에 아이들에게 어떤 그림을 그려줘야 할지 신중하게 생각하고 고민해야 한다. 아이들은 가르치는 대로 배운다. 배운 대로 행동한다. 3년 전 방영되었던 〈황후의 품격〉이라는 드라마가 있었다. 그 드라마에서 아리 공주는 어른들의 잘못된 관행들을 그대로 배웠다. 돈이면 해결하지 못할 것이 없다고 배웠고 사과하는 방식을 돈으로 해결하려 했다. 그 모습을 본 황후는 아리 공주를 따끔하게 훈육한다. 종아리를 맞고 울면서 아리 공주는 "전 배운 대로 한 것뿐인데… 돈으로 안 되는 건 없다고 했습니다."라고 말했다. 아리 공주는 어른들이 무엇이든 돈으로 해결하는 방식을 배웠고 없는(가난한) 사람들을 무시하고 업신여기는 행동까지 배웠다.

아이들은 어른들이 하는 모든 것을 배운다. 하얗고 깨끗한 아이들에게 예쁘고 올바른 그림을 그려줘야 한다.

이제 아이들 학습 이야기를 해보겠다.

나는 초등 5학년 아이의 연산을 가르쳤다. 이 아이는 내가 처음부터 가르친 아이가 아니고 인수인계 받아 내가 가르치게 된 것이다. 분수의 곱셈 문제를 풀어가는 모습을 지켜보았다. 이 아이의 문제 푸는 방식은 풀이 과정을 쓰지 않고 암산을 해서 답만 적었다. 적은 답이 다 맞았다면 모를까 그렇게 푼 문제는 오답이 많았다. 이 아이는 처음부터 암산으로 문제 푸는 것에 익숙해져 있었다. 나는 이 아이에게 풀이 과정을 쓰면서 문제를 풀도록 했다. 풀이 과정을 쓰면서 문제를 풀고 오답이 나왔을 때는 풀이 과정을 다시 살펴보면 어디서 틀렸는지 찾아낼 수 있다. 반면 암산으로 문제를 풀면 속도는 빠르겠지만 오답률이 높고 처음부터 다시 문제를 풀어야 한다.

나에게 배운 방식으로 문제를 풀다가 오답이 나왔었다. 아이가 써놓은 풀이들을 다시 살펴보니 어디서 잘못 계산되었는지 쉽게 찾을 수 있었다. 이 아이는 나와 이렇게 했음에도 불구하고 수업할 때 암산으로 하는 습관을 고치지 못했다.

연령이 더 어린 유아들은 잘못된 습관을 고치기가 좀 더 쉽다. 하지만 초등 고학년처럼 연령이 좀 있다면 고치기 어렵다. 이 아이들은 이미 처음에 배운 방식에 익숙해져 있고 고착이 된 것이다. 내 아이는 깨끗한 하얀 백지와 같다. 무엇이든 그려 넣을 수 있고 무엇이든 배울 수 있다. 하얀 백지는 얼룩이 생기면 잘 지워지지 않는다. 연필 자국도 쉽게 지워지지 않는다. 내 아이에게 무엇인가를 가르치기 전에 미리 구상을 해라. 무엇을 어떻게 어떤 방식으로 가르칠 것인지 고민하고 생각하라.

반복만이 살길이다

초등 2학년이 되면 구구단을 외운다. 구구단은 선택이 아닌 필수로 암기해야 한다. 수학의 기초가 되는 것이다. 나도 초등 2학년 때 구구단을 열심히 외웠던 기억이 난다. 구구단을 다 외우지 못하면 선생님께 야단을 맞았다. 구구단 노래를 부르며 외우다가 '3×6=18' 하면 답이 척척 나와야 한다. 입에서 술술 나올 때까지 수없이 반복한다.

초등 2학년 아이와 수학 연산 수업을 한 적이 있었다. 곱셈 단원이었다. 나는 아이와 구구단 게임을 한다. "구구단을 외자, 구구단을 외자."

노래를 부르며 내가 문제를 낸다. 아이가 답을 틀리면 벌칙을 주기도 했다. 또 아이가 나에게 문제를 낸다. 내가 답을 틀리면 벌칙을 받는다. 이렇게 아이와 게임을 하며 구구단을 재미있게 암기하도록 했다. 선생님과의 게임이 재미있어서 수업이 끝나고 다음 수업까지 열심히 외운다. 나는 일부러 답을 틀려주기도 한다. 선생님이 답을 틀리면 아이는 재미있다고 깔깔대며 배꼽을 잡고 웃는다. 짧은 연산 수업도 아이가 재미있도록 게임을 하며 수업을 했다. 아이에게 재미있게 수업해주면 아이는 동기 부여가 되어 더 열심히 복습하고 반복하며 암기한다. 그렇게 곱셈 문제 푸는 시간을 줄여나간다.

우리 집 건너편 동에 세 자매가 산다. 그 아이들은 항상 밖에서 자전거를 타거나 씽씽카를 타며 논다. 우리 아이들도 밖에서 놀고 싶어 한다. 아이들을 데리고 밖으로 나가면 그 여자아이들과 함께 어울린다. 그러면서 자연스럽게 씽씽카도 타고 자전거도 탄다. 처음에는 다리에 힘이 없어서 패달 밟기를 힘들어 했다. 나는 아이 발을 직접 움직여주며 패달 밟는 감각을 익히도록 했다. 자전거 타기는 그렇게 서툴게 시작되었다. 막내는 자전거보다 씽씽카를 좋아한다. 처음에는 몇 발자국 못 타고 멈추었다. 막내는 여러 번의 반복을 통해 이제는 씽씽카를 제법 잘 타게 되었다. 심지어 뒤에 브레이크까지 조절하면서 탄다. 처음에는 주춤주춤 하더니 이제는 어느 정도 능숙하게 탄다. 그래도 미숙한 부분이 있다.

나도 초등 6학년 때 스케이트와 자전거를 배웠다. 용돈을 모아서 산 스케이트는 너무나 소중했다. 추운 겨울 강이 꽁꽁 얼면 단짝 친구와 스케이트를 타러 강으로 갔다. 스케이트를 가르쳐주는 사람은 없었다. 친구와 둘이 서로 손 잡아주며 중심을 잡고 한 발 한 발 내딛었다. 스케이트를 타면서 수십 번 넘어지고 중심을 잃었다. 그래도 재미있어서 시간 나면 스케이트를 타러 갔다. 자전거도 단짝 친구와 둘이서 학교 운동장에서 탔다. 서로 뒤에서 잡아주며 중심을 잡고 페달을 밟으면 손을 놓는다. 넓은 운동장에서 타니 장애물도 없었고 연습하기 편했다. 자전거도 여러 번 넘어지면서 배웠다. 스케이트와 자전거도 끊임없는 반복을 통해 잘 타게 되었다.

『아이의 공부지능』의 저자 민성원은 "'1만 시간의 법칙'이라는 말이 있다. 한 분야에서 최고의 전문가가 되려면 최소한 1만 시간은 같은 일을 반복해야 한다는 뜻이다. 1만 시간은 하루에 서너 시간씩 투자한다고 가정할 때 약 10년에 해당한다. 무언가를 반복하기에는 결코 짧지 않은 긴 시간이다. 아이들의 공부지능도 마찬가지다. 끊임없이 반복해야 지능이 발달하고, 그 과정에서 올바른 습관이 생기며 비로소 공부를 잘할 수 있는 공부지능이 완성된다."라고 말했다. 세계적인 발레리나 강수진을 아는가? 그녀는 발레 연습 시간만 20만 시간, 학업 때문에 부족한 연습 시간을 채우고자 하루 4시간 이상 잠을 잔 적이 없다고 한다. 이처럼 그녀는 엄청난 연습 벌레였다고 한다. 과연 어느 누가 자신의 분야에서 20만 시간을 투자할 수 있겠는가.

아이들은 반복을 싫어한다. 같은 것을 계속하는 것은 지루하고 힘들 수 있다. 내가 아이들에게 구구단을 외우도록 할 때 게임을 하면서 했듯이 아이들은 같은 것이라도 다양한 방법으로 반복을 해주는 것이 좋다. 놀이도 같은 것을 반복하는 것은 흥미가 없어진다. 한글을 가르칠 때도 그랬다. 같은 내용을 복습할 때 다른 방법으로 아이들의 흥미를 이끌었다. 내가 아이들을 가르칠 때 아이들이 가장 지루해하는 수업은 연산 수업이었다. 연산 문제를 정확하고 빠르게 풀어야 해서 매일 꾸준히 세 장 이상 문제 풀기 연습을 해야했다.

연산은 많은 반복을 통해 꾸준히 해야 한다. 그래야 속도가 붙고 실력이 늘어난다. 아이들은 반복이 많은 연산을 지겨워하고 힘들어한다. 나는 항상 아이들과 문제 빨리 풀기 시합을 하거나 서로 푼 문제를 바꿔서 채점하며 아이들의 지루함을 해소해준다. 서로 채점을 해주면서 또 한 번의 반복이 이루어지므로 학습 효과가 좋다. 또 선생님이 문제를 틀리면 아이들은 너무 신나 한다. 선생님보다 잘할 수 있다는 자신감도 생긴다. 반복 학습에 다양한 변화를 주면 아이들은 지루하지 않고 재미있게 반복 학습을 할 수 있다. 어떤 공부든 반복하며 복습해야 실력이 쌓인다.

나는 어린이집 교사를 그만두고 유아 교구 수업을 했었다. 델타샌드, 가베, 몰펀 블록 수업이었다. 어린이집, 교회 문화센터, 미술학원 등 아이가 있는 곳은 어디든 수업했다. 한 어린이집에 몰펀 블록 수업을 갔다. 한참 재롱 발표회 연습을 하고 있다. 오전에 수업을 들어가면 각 반별로 돌아가며 수업해서 점심시간 직전에야 끝난다. 한 반 수업이 끝나면 다른 반이 들어올 때까지 잠시 쉰다. 그 시간에 아이들이 발표회 연습하는 모습을 본다.

선생님들이 열심히 아이들 율동을 가르치고 아이들도 열심히 선생님을 따라 한다. 어린 반 아이들은 귀엽기만 하고 6~7세 아이들은 절도가 있고 멋진 안무를 짜서 연습한다. 재롱 발표회 날 아이들 옷 갈아입히는 일을 도와주러 갔었다. 무대 뒤에 대기실은 아이들로 북적거리고 한 무대가 끝나면 다른 옷을 갈아입느라 아수라장이다. 발표회 순서표를 잘 보고 실수 없이 아이들 옷을 갈아입혀야 한다. 옷을 입히고 잠시 숨을 돌리며 무대 뒤에서 아이들이 발표하는 모습을 본다. 몇 달 전부터 연습에 연습을 한 아이들은 실수 없이 멋진 무대를 완성한다. 그중 7세 아이들의 무대는 정말 감탄할 만큼 멋있었다.

무대 뒤에서 아이들의 무대를 지켜보면서 온몸에 소름이 돋고 아이들이 연습을 얼마나 열심히 했는지 알기에 눈물이 핑 돌았다. 오랜 시간 반복적인 연습으로 안무를 박자에 척척 맞춰서 멋진 무대를 꾸며주었다.

나는 예전에 스포츠 댄스를 배운 적이 있다. '룸바'라는 춤의 매력에 빠져 배워보고 싶었다. 그 외에도 '차차차, 자이브, 삼바'가 있다. 이 춤들의 기본이 되는 워킹은 룸바다. 룸바를 배우면서 기본 동작만 수없이 반복하며 배우고 익혔다. 그렇게 반복해서 배우고 연습한 워킹은 지금도 내 몸이 기억한다. 기본 자세를 잡고 룸바 웍을 할 수 있는 것이다. 반복적인 연습과 학습은 내 몸이 동작을 기억하고 내 머리가 배운 것을 기억하게 된다.

『아이의 공부지능』에서는 "반복적인 행위는 무척이나 효율적인 수행을 만들어낸다. 또한 오랜 세월 반복적인 행위를 한 사람만이 더 좋은 방법을 찾아낼 수 있다. 창의성과 가장 반대되는 개념이 반복인 것 같지만, 사실 반복을 통해서 익숙해진 사람만이 더 높은 수준의 성취를 위해 창의적으로 사고할 수 있는 것이다. 아벨상, 필즈상(수학 부분의 노벨상) 수상자 중에서 연산을 못하는 수학자는 아무도 없다는 점을 주목해야 한다. 지능개발의 핵심이 반복이고 아이들이 싫어하는 것도 반복이기 때문에 부모들은 딜레마에 빠질 수밖에 없다."라고 한다.

창의성은 무에서 유를 창조하는 것 같지만, 사실 유에서 무를 창조하는 것이다. 아무것도 없는 것에서 새로운 것을 만들기는 힘들다. 기존에 있는 것에서 더 창의적인 것을 만들어내는 것은 어렵지 않다. 우리 막내는 사각 블록을 좋아한다. 매일 블록을 가지고 놀면서 만드는 것은 공룡과 로봇이다. 처음에는 단순하게 만들기를 반복하다가 시간이 갈수록 점점 더 공룡과 로봇의 모양이 구체적이고 창의적으로 변해간다. 이것이 반복의 효과다. 같은 것을 만들면서 아이는 더 멋지게 만들 방법을 생각하고 고민한다. 로봇의 팔도 그냥 만들다가 팔에 무기가 추가되고 보호 장치도 추가되면서 아이 나름대로 창의성을 발휘해서 만드는 것이다. 아이들의 학습도 마찬가지다. 아이들은 반복을 싫어한다고 한다. 지루한 반복을 견뎌내지 못하는 것이다. 힘들더라도 반복을 견뎌내도록 부모가 도와주어야 한다.

아이들이 약간 힘들어하는 정도의 반복 수준을 찾아 주는 것이 중요하다. 어떤 것이든 잘 해내기 위해서는 반복이 필요하다. 노래를 잘하고 싶다면 반복적인 연습이 필요하고 수학 연산을 잘하고 싶다면 반복적인 문제 풀이 연습이 필요하다. 내 아이가 공부를 잘하기를 바란다면 반복만이 살길이다.

글자를 읽는 것과 글을 읽는 것은 다르다

나는 학습지 교사 시절 유아부터 초등 저학년까지 가르쳤다. 유아는 한글을 가르치고 초등은 국어를 가르친다. 국어를 가르치다 보면 아이들이 한글을 어떻게 배웠는지 알 수 있다. 바로 아이들의 읽기에서 표시가 난다. 나는 수업하면서 아이들과 읽기를 함께한다. 문제의 지문을 읽거나 글의 본문을 읽을 때 아이들의 읽기 실력이 확연히 차이가 난다. 한글을 가르칠 때 체계적으로 배우도록 해야 한다. 한글을 글자만 읽는 정도에서 마치고 국어로 넘어가면 아이들은 글을 읽는 것이 아니라 글자를 읽는 것에 집중한다. 글자를 읽는 것은 문장을 읽을 때 글자 하나하나를 읽는다. 그러면 문장의 내용을 이해하지 못한다. 글을 읽는 것은 문장을 읽었을 때 문장의 내용을 이해하는 것이다. 따라서 한글을 배우는 단계에서 문장 읽기 연습도 충분히 다뤄줘야 한다.

한글 수업 과정에서 읽기 과정이 있다. 그 과정을 배울 때는 띄어 읽기를 가르친다. 글자를 하나씩 짚어가며 읽는 것이 아니라 어절과 어절 사이를 끊어 읽기를 연습하는 것이다. 끊어 읽기 연습을 한 것과 하지 않은 것은 하늘과 땅 차이다. 끊어 읽기가 되지 않으면 국어뿐만 아니라 다른 과목에도 어려움을 준다. 초등 아이들 저학년 수학을 가르칠 때다. 아이들 교재를 채점하다 보면 틀린 문제들이 있다. 틀린 문제를 다시 풀도록 하면 어렵지 않은 문제를 풀지 못하는 경우가 있다. 내가 문제를 다시 읽어주면 아이는 "아~!" 하면서 문제를 다시 푼다. 아이 스스로 문제를 읽었을 때와 내가 읽었을 때의 차이를 아이 스스로 느낀다. 선생님이 문제를 읽어주는 것이 더 이해가 쉬운 것이다.

문제의 지문을 잘못 읽게 되면 문제 풀이에 어려움이 생긴다. '아 다르고 어 다르다'는 말이 있다. 말의 한끝 차이에서 말의 의미가 달라지고 글의 뜻이 달라진다. 띄어 읽기의 중요성을 말해주는 재미있는 문장이 있다. '아버지 가방에 들어가신다'를 올바르게 띄어 읽으면 '아버지가 방에 들어가신다'가 된다. 이처럼 띄어 읽기가 제대로 되지 않으면 전혀 다른 의미의 글이 되는 것이다.

초등 5학년 남자아이 수학을 가르친 적이 있다. 그 아이는 수학을 참 어려워했고 싫어했다. 수업을 가면 수업하기 싫은 모습이 역력하다. 아이와 한 문제를 풀 때마다 오랜 시간이 걸린다. 하기 싫어 끄적끄적, 문제를 제대로 읽지 않고 문제를 풀기도 했다. 나는 아이가 문제 푸는 모습을 가만히 지켜보았다. 아이는 문제의 지문을 읽고서 막혔다. 지문의 의도를 파악하지 못하는 것이다. 내가 다시 읽어주고 설명을 해준다. 그러면 아이는 문제를 어느 정도 풀어낸다.

엄마들은 아이가 수학을 못하면 수학 전문 학원을 보내거나 과외를 시키거나 수학에만 집중해서 교육을 한다. 정말 아이가 수학 실력이 부족해서 그럴 수도 있다. 하지만 깊게 들어가보면 아이의 읽기 능력이 부족한 경우가 더 많다. 수학만 집중해서 공부하는 아이와 국어와 책 읽기를 병행해서 공부하는 아이는 정말 큰 차이가 난다. 학습지 상담이 들어오면 보통 엄마들은 한 과목만 하려고 한다. 국어만 한다든지 수학만 한다든지 한과목만 하고 나머지는 학원으로 보내기도 한다. 나는 상담 과정에서 말한다.

"어머니, 제가 국어에 대해 말씀을 드렸는데 수학도 안내해드릴까요?"

"아니요, 수학은 학원에 보내려고요."

"아~! 학원에 등록하신 거예요?"

"아직 등록한 건 아니고요. 알아보고 있어요."

"어머니, 국어는 학습지로 하시고 수학은 왜 학원에 보내시려고 하시는 거예요?"

"유명한 선생님이 계시다고 해서요."

"그죠~ 유명한 선생님이 계시면 당연히 학원에 보내고 싶죠. 그런데요 어머니, 우진이는 학원보다는 학습지처럼 일대일 학습이 더 잘 맞을 것 같아요. 제가 우진이를 만나보니 아직 읽기 능력을 좀 더 키워야 합니다. 문제의 지문에 대한 이해가 좀 어렵더라고요. 물론 학원에서 배우는 것도 좋지만 학원은 여러 아이를 한꺼번에 가르치잖아요. 그러면 우진이에게 맞는 맞춤 학습이 어렵거든요. 학교에서 부족한 과목을 채워주기 위해서 학원을 보내시는데 학원도 학교와 마찬가지로 여러 명이 함께 수업하잖아요. 그럼 학원을 다니는 의미가 크지 않을 거라 생각됩니다. 우진이는 국어와 병행하면서 수학을 배운다면 서로 시너지를 발휘해서 수학 성적도 오를 것이라 봅니다."

『당신의 문해력』의 저자 김윤정은 "수리력은 좋은데 문해력이 없다면, 5더하기 5가 10인 것은 알지만 이 문제가 5더하기 5를 해서 풀어야 한다는 것은 이해하지 못할 수 있다. 즉 더하기를 할 줄 알아도 그 문제가 더하기를 통해 풀어야 하는 문제라는 것을 이해하지 못하면 결국 답을 풀 수 없는 것이다. 더군다나 요즘 수학 과목에서는 문장으로 된 문제, 즉 문장제를 중시하는 경향이 다분하다. 문장제는 수학이 실생활에서 어떻게 활용되고 문제를 해결하는지 이해하는 데 초점이 맞춰져 있다. 그러다 보니 긴 글로 되어 있는 문제의 지문을 이해하지 못하면 아예 문제를 풀 수가 없다. 예전에 비해 수학 과목에서 문해력이 훨씬 더 많이 중요해진 것이다."라고 강조했다. 문해력은 국어, 수학뿐 아니라 모든 과목에 영향을 미친다.

나는 초등 수업을 하면서 이러한 경우를 수차례 보았다. 수학뿐만이 아니다. 정말 다른 과목을 공부할 때도 문장을 이해하지 못하고 문제의 의도를 파악하지 못해서 문제를 풀지 못하거나 답을 틀리는 경우가 많다. 글에 대한 의미를 파악하지 못하는 아이들은 가르치는 것도 어려움이 따른다. 아무리 쉽게 설명해도 이해를 못 하기 때문이다. 문해력을 키우려면 책을 많이 읽어야 한다. 또 용어에 대한 뜻도 알아야 한다. 책을 많이 읽다 보면 용어에 대한 설명 풀이가 되어 있다. 어떤 책들은 책의 아랫 부분에 단어의 뜻을 적어놓기도 한다. 친절하게 한자도 함께 기재가 되어 있다. 그렇게 한자도 접하게 되면 용어의 뜻을 이해하기 더 쉬워진다.

글을 잘 읽으려면 끊어 읽기를 잘해야 한다. 끊어 읽기가 되지 않으면 문해력 향상에도 문제가 생길 수 있다. 얼마 전 이사 간 사 남매가 있다. 그 아이 중 한 여자아이는 정말 쉬운 단어의 뜻도 몰라서 엄마에게 묻기도 했다. 이 아이들은 엄마가 책을 읽어주지 않았다. 또 막내 아이는 수학 문제를 잘 풀지 못했다. 초등 저학년 덧셈은 엄마가 얼마든지 봐주고 가르쳐줄 수 있다. 이 엄마는 그것조차 못 해주었다. 못 한 것인지 안 한 것인지 알 수는 없다. 하지만 분명한 것은 엄마가 아이들에게 책 한 장 읽어주지 않았다는 것이다.

한글은 정말 잘 배워야 한다. 잘 배워야 한다는 것은 체계적이고 제대로 배워야 한다는 뜻이다. 체계적인 것은 커리큘럼이고 제대로 배워야 한다는 것은 꾸준히 일정한 시간에 놀이를 통해서 가르쳐주라는 것이다. 낱말을 읽고 한 글자를 다 떼었다면 읽기 연습에 신경 써야 한다. '나 는 사 과 를 좋 아 한 다.' 이렇게 읽는 것은 글자를 읽는 것이다. '나는 사과를 좋아한다'는 글을 읽는 것이다. 글자를 읽게 되면 아무런 의미 없는 글자를 읽는 것이므로 글의 의미를 파악하기 어렵고 문해력 발달에도 지장을 초래한다.

읽기 연습을 어떻게 해야 할지 모르겠는가?

처음에는 두 어절부터 시작하라. '하마는 웃어요, 악어는 웃어요.'처럼 짧은 어절부터 시작하면서 점점 길어지는 문장 읽기에 익숙해지도록 한다. 좀 더 재미를 준다면 '하마는(짝) 웃어요(짝).' 어절을 끊어 읽을 때마다 박수하도록 하면 리듬감이 생겨 더 재미있고 읽기 연습이 즐거워진다. 박수하도록 하는 것은, 박수하는 곳이 끊어 읽어야 할 곳임을 알려주기 위함이다. 또한 아이에게 읽기의 즐거움을 느끼게 하려 함이다. 끊어 읽기는 초등 1학년 국어 시간에 배운다. 한글을 배우는 단계에서 끊어 읽기에 완벽해야 할 필요도 없다. 끊어 읽기의 리듬감을 알면 글 읽는 즐거움이 커질 것이다.

꼭 한 가지 명심해야 할 것이 있다. 아이와 책을 읽을 때 한 글자씩 물어보면서 읽지 말아야 한다. 한 글자씩 짚어가다 보면 아이는 글을 보는 것이 아니라 글자 하나하나를 보게 된다. 절대 한 글자씩 짚어주며 읽기를 시키지 마라. 그것은 우리 아이의 글 읽기를 방해하는 것이다. 글자를 읽는다고 글의 내용을 이해하는 것이 아니다. 글자를 읽는 것과 글을 읽고 이해하는 것은 하늘과 땅 차이인 것이다. 아이가 글의 내용을 이해하는지 반드시 살펴야 한다.

5

한글은 암기가 아니라 소릿값의 이해다

어렴풋이 어린 시절이 생각난다. 엄마가 스케치북에 우리 가족들 이름을 써주셨다. 아빠부터 내 이름까지 써서 읽어주고 누구 이름인지 가르쳐주셨다. 내가 네 살 때의 일이었다. 엄마와 백설 공주 동화책을 읽고 있었다. 나는 혼자 글을 읽었다. 글을 읽다가 모르는 글자 하나를 엄마에게 묻기도 했다. "엄마, 이거 무슨 글자야?", "응~ 이건 '웁'이라고 읽어."라며 글자를 가르쳐주셨다.

나는 엄마에게 가족 이름부터 시작해서 책을 읽으며 글을 깨쳤다. 엄마와 함께했던 기억은 나에게 따뜻하고 포근했다. 네 살에 한글을 다 깨치니 동네에서 똑똑하다고 소문났다. 내 친구들은 나에게 모르는 글자를 묻기도 한다. 우리 둘째도 나처럼 한글을 깨쳤다. 책을 읽고 학습 태블릿으로 자유롭게 놀면서 한글을 깨쳤다. 둘째는 글자를 다 읽게 되었다. 그런데 받아쓰기는 잘하지 못했다. 바로 한글의 소릿값을 이해하지 못했기 때문이다.

한글은 자음과 모음의 결합으로 글자가 만들어진다. 자음과 모음의 이름과 소릿값을 이해하게 되면 '기역에 아를 더하면 가'라는 것을 알게 된다. 『당신의 문해력』에서는 "문해력의 기초체력이라 할 수 있는 읽기와 쓰기를 잘하려면 먼저 자음과 모음의 소릿값을 잘 알고 잘 다룰 줄 알아야 한다. 한글은 자음 19개와 모음 21개로 이루어져 있다. 이 자음과 모음의 소릿값을 이해하면 그것의 음소를 분해하거나 조립하면서 조작할 수 있는 능력이 생긴다."라고 한다. 이를 '음운론적 인식'이라고 한다.

나는 아이들 한글 수업을 하면서 통 문자를 먼저 가르쳤다. 회사의 커리큘럼이 그러했다. 통 문자를 배우고 한 글자를 배우고 받침을 배우면서 음운론적 인식에 대해 가르친다. 받침 음가를 익히고 나면 자음과 모음을 분리하게 되고 각 글자가 가지고 있는 소릿값을 알게 된다. 소릿값을 알면 글자를 안 보고 쓸 수 있게 된다. 우리 막내는 소릿값을 이해한다. 반면 둘째는 책 읽으며 한글을 떼서 소릿값을 이해하지 못했다. 그 차이는 아이가 글자를 쓰려고 할 때 나타난다.

"엄마, 할머니 할 때 '할'은 어떻게 써요?"라고 묻는다.

"응~ '하에다 리을 받침 쓰면 돼.'라며 가르쳐줬을 때 그대로 쓸 수 있다면 소릿값을 이해한 것이다. 막내는 이것이 가능했는데 둘째는 조금 어려워했다. 나는 둘째에게 자음과 모음의 소릿값에 대해 가르쳤다. 둘째는 내가 가르쳐준 것을 빨리 이해했고 모르는 글자를 쓸 때, 내가 직접 쓰면서 가르쳐주지 않고 설명만 해주어도 잘 써냈다.

음운론적 인식이 가능한 시기는 내 경험상으로 만 4~5세다. 우리나라 나이로 6~7세다. 6~7세보다 더 어린 연령은 자음과 모음을 문자로 인식하게 된다. 통 문자는 의미와 뜻을 가지고 있다. 반면 자음, 모음은 뜻이 없다. 한 글자도 뜻이 없다. 뜻이 있는 한 글자도 있다. 이를 '일음어'(예를 들면 무, 파, 양, 불, 초, 소, 코, 비 등)라고 한다. 우리가 아이들에게 가장 먼저 가르치려고 하는 한 글자, 즉 가 나 다 라…이다. 이 글자들은 뜻이 없기 때문에 아이들이 인식을 하기에 어려움이 따른다. 영어와 숫자는 문자 자체를 이미지로 받아들인다. 즉 그림으로 받아들이는 것이다. 아이들은 이미지를 더 빨리 인지하고 받아들이기 때문에 한글을 배울 때 통 문자부터 시작하는 것이 조금 더 효과적이다. 이것이 모든 아이들에게 적용되는 것은 아니다. 다만 평균적으로 이러한 과정으로 한글을 깨치는 아이들이 많았고 내가 가르쳐보았기 때문에 효과적인 면을 강조하는 것이다. 우리 아이들도 이런 과정을 통해서 한글을 깨쳤다.

6~7세가 된 연령이라면 자음과 모음부터 가르쳐도 쉽게 한글을 뗄 수 있다. 이때 무조건 외우게 하는 것이 아니다. 각 글자들이 어떻게 소리가 나는지 이해를 해야 한다는 말이다. 모음은 혼자 소리를 내는 글자다. 'ㅏ'는 '이응'이 있어도 '야'라고 소리가 나고 이응이 없어도 '아'라고 소리가 난다. 쉽게 이해를 하자면 영어에서 파닉스와 같은 것이다. 영어는 파닉스를 알아야 단어를 읽을 수 있는 것처럼, 한글은 자음과 모음의 소릿값을 알아야 글자를 읽을 수 있는 것이다. 아이들에게 파닉스를 가르칠 때 암기하게 했는지 이해하게 했는지 생각해보라.

7세 아이의 한글 수업 문의가 들어온다. 먼저 진단 테스트를 한다. 아이가 한글을 얼마나 알고 있는지 알아보는 것이다. 7세에 한글 문의가 들어오는 경우는 타 학습지를 오래 했는데 효과가 없었거나, 아무것도 안 하고 시간을 보내다가 학교에 들어갈 준비를 해야 하는 경우다. 나는 다양한 유형의 아이들을 만났었다. 먼저 타 학습지를 하다가 나에게 온 경우는 한글을 빨리 깨치기가 쉽다. 타 학습지에서 열심히 하다가 나에게 오는 시기가 아이들이 음운론적 인식이 빨리 되는 시기이기 때문이다. 만약 타 학습지에서 꾸준히 했더라도 아이는 한글을 깨쳤을 것이다.

두 번째 아무것도 안 하다가 학교 입학할 시기에 오는 아이들은 시간이 없다. 더군다나 학습을 전혀 해본 적이 없다면 더 난관이다. 이런 경우는 한글 수업을 두 타임을 잡는다. 시간으로 보자면 30분 수업이다. 이렇게 해야 아이가 공부하는 시간이 확보된다. 진도는 통 문자와 한 글자를 같이 수업한다. 7세는 인지 능력이 잘 발달되어 있기 때문에 두 단계를 함께 수업해도 큰 무리가 없다.

이렇게 수업하면 아이는 빨리 한글을 깨치게 된다. 시간 확보도 중요하지만 한글 수업을 처음 하는 아이라면 통 문자를 어느 정도 접하게 해주어야 수업에 흥미를 잃지 않는다. 한 글자 수업보다 아이들은 통 문자 수업에 흥미를 갖고 재미있어 한다. 또 통 문자 수업을 같이 하면서 한 글자를 같이 배우면 글자의 결합과 분리도 쉽게 이해하게 된다. 글자의 결합은 '나'와 '무'를 결합하면 '나무'가 되는 것을 이해하는 것이다. 분리는 '나'를 '나무' '나비' '나사' '나이'의 낱말에서 따로 떼어놓을 수 있는 것이 분리다. 결합과 분리를 할 수 있게 되면 한 글자도 자연스럽게 익히게 된다.

7세들은 한글만 뗀다고 해서 되는 것이 아니다. 1학년 때 배우는 문장부호와 띄어 읽기도 조금은 알아야 한다. 문장부호는 2학년까지 배우는데, 내가 가르쳐보니 아이들이 어려워하는 영역이다. 그리고 반대말, 비슷한 말, 높임말, 동음이의어 등도 어느 정도 알고 가는 것이 도움이 된다. 7세에는 배워야 할 것이 많다. 학교에 가서 다 배우기는 하지만 아이들이 어려워하는 영역은 조금이라도 짚어주는 것이 도움 된다.

우리가 어릴 적 배웠던 한글은 암기였다. 구구단을 외우는 것처럼 방 안 벽에 붙여진 한글 벽보를 보며 '가 나 다 라 마 바 사'를 줄줄이 외웠다. 어린이집에서 아이들을 가르쳤을 때 나도 아이들이 글씨를 쓰고 소리 내어 읽으면서 공부하도록 했다. 이 방식은 아이들에게 아무런 도움이 되지 못했다. 오히려 한글 공부에 대한 흥미를 잃게 만들 뿐이었다. 한글을 창제하신 세종대왕님이 어떻게 한글을 만들었는지 생각해보자. 한글을 만들 때 사람의 입 모양과 발음 모양을 본떠서 만들었다. 네덜란드 라이덴학의 언어학자 포스 교수는 "한국인들은 세계에서 가장 좋은 알파벳을 발명했다. 한글은 간단하면서도 논리적이며, 게다가 고도의 과학적인 방법으로 만들어졌다는 사실은 분명하다."라며 한글의 과학성을 강조했다.
　─출처: 네이버 한글의 창제 원리, 과학성, 문자 위대성 중

한글은 소릿값을 이해하면 쉽게 배울 수 있다. 중요한 것은 아이들에게 어떻게 가르칠 것인지 고민해야 한다는 것이다. 누구나 쉽게 배울 수 있는 한글은 세계에서도 과학적인 문자라고 인정받았다. 이렇게 훌륭한 문자를 사용하는 것에 대해 자부심을 느껴도 좋다.

아직도 우리 아이에게 한글을 외우도록 가르치는가? 이제 한글은 암기가 아니다. 소릿값의 이해다. 수학도 문제에 대해 이해해야 풀 수 있는 것처럼 한글도 마찬가지다. 내 아이에게 쉽고 재미있는 한글을 어렵게 가르치지 말자. 재미있게 놀이로, 내 아이가 한글에 대해 이해할 수 있도록 하자.

6

한글을 가르치기 전에 환경을 만들어라

엄마가 되면 알아야 할 것들이 참 많다.

엄마가 되는 것은 쉬워도 엄마 역할을 하는 것은 쉽지 않다. 엄마는 아이의 모든 것에 대해 민감해야 한다. 아이가 옹알이를 어떤 때에 폭발적으로 하는지, 아이가 배고플 때 어떻게 반응하는지, 아이의 울음만으로 상황을 판단해야 한다. 아직 말 못 하는 아이들은 울음으로만 표현한다. 엄마는 아이의 표정과 손짓으로 아이가 원하는 것을 알아야 한다.

엄마가 어떻게 반응하느냐에 따라 아이는 순한 아이가 될 수 있고, 예민한 아이가 될 수 있고, 울음으로 의사소통을 하는 아이가 될 수 있다.

우리 앞집에는 연년생 아들 셋을 키우는 엄마가 있다. 이 아이들은 천진 난만하다. 그런데 모든 의사소통을 울음과 짜증으로 한다. 이것은 엄마 가 아이의 싸인을 알아차리지 못하는 것이다. 아이가 원하는 것을 무시 한 채 엄마의 생각대로 아이를 움직이려 하니 아이는 울음과 짜증으로밖 에 표현하지 못한다.

밥을 먹일 때도 아이가 흘리면 엄마는 화를 내고 소리를 지른다. 이는 아이의 발달을 이해하지 못해서 나타난다. 엄마가 아이의 발달에 대해 이해하고 알고 있다면 아이는 당연히 밥을 흘리기도 하고 물을 쏟기도 한다. 이런 일로 아이에게 화를 내면 안 된다.

앞집에 가끔 놀러 가면 집은 어질러져 있다. 신발도 여기저기 벗어 던 져져 있고, 물건들도 여기저기 흩어져 있다. 엄마가 정리하는 모습을 보 이지 않으니 아이들도 정리를 못 하고 어지른다. 아이는 부모를 통해서 모든 것을 배운다. 특히 엄마의 영향을 가장 많이 받는다. 아이가 처해 있는 모든 것은 환경이다. 아이를 잘 키우고 가르치려면 환경을 잘 만들 어야 한다. 환경 중 가장 중요한 것은 엄마의 몸과 마음 건강이다. 엄마 가 몸이 아프면 힘들고 짜증이 난다. 그것들이 아이들에게 고스란히 전 달된다. 아이들은 아무것도 모른 채 엄마의 짜증을 받아내야 한다. 엄마 의 마음이 힘들면 엄마의 얼굴에 나타난다. 이 또한 아이들에게 그 감정 이 전달된다. 아이를 건강하고 바르게 키우는 것도 중요하지만 그전에 엄마의 몸과 마음부터 돌봐야 한다. 그래야 내 아이도 행복하고 건강한 것이다.

아이를 잘 키우고 가르치기 위한 첫 번째 환경은 엄마다.

위에서 말한 것과 같이 엄마가 스스로를 잘 관리해야 한다. 그리고 두 번째는 집 안 환경이다. 집 안 환경이 정돈되어 있고 편안해야 한다. 집 안에 물건들이 여기저기 정돈되지 않으면 아이들도 산만해진다. 장난감을 가지고 놀다가도 아무 곳에나 두고 정리하지 않는다. 정리하지 않는 것으로 끝나지 않는다. 심지어 자기가 장난감을 어디에 두었는지 기억도 못한다. 집안이 어질러져 있으면 공부를 해도 집중이 되지 않는다.

아이 책상이 정돈되어야 공부해도 능률이 오르고 식탁이 정돈되어야 식사도 맛있게 할 수 있다. 잠자리가 정돈되어야 잠도 편안히 잘 수 있는 것이다. 이처럼 환경은 매우 중요한 부분을 차지한다.

아이가 처음 학교에 입학하는 순간을 떠올려보자. 아이에게 가장 먼저 공부방을 만들어준다. 책상과 의자도 준비하고 책장도 준비해서 책을 꽂아놓는다. 또 학교생활에 필요한 것들을 준비한다. 이런 것들도 환경이다. 공부방을 만들어주는 것은 아이가 공부할 수 있는 환경을 만들어주는 것이다. 공부방에 장난감을 두지 않는 것도 공부에 집중하게 하기 위함이다.

나는 우리 늦둥이들에게 책 환경을 만들어주고 싶었다. 거실에 텔레비전이 있으면 아빠는 거실에서 텔레비전을 보고 아이들은 장난감을 가지고 논다. 텔레비전 볼륨은 점점 커지고 대화하는 목소리는 커진다. 집 안은 점점 시끄러워진다. 이런 분위기는 아이에게 좋은 영향을 끼치지 못한다. 나는 이사를 하기 전에 남편과 의논을 했다. 아이들이 커가니 거실에 텔레비전을 놓지 말고 책장을 놓자고 했다. 처음에는 남편이 반대를 했지만, 내 의견에 동의해주었다. 거실 한쪽 벽면을 책장으로 채웠다. 책장에 책을 하나둘 들여놓았다.

아이들이 공부할 수 있는 공부상도 거실에 두었다. 공부상에서 그림도 그리고 책도 보고 공부도 할 수 있도록 했다. 아이들 방에는 잠자리와 장난감을 두었다. 아이들이 장난감을 거실로 가지고 나오지 못하도록 약속하고 놀이는 방에서만 하기로 했다. 장난감을 거실로 가지고 나오면 정리정돈도 힘들다. 그렇게 되면 정리는 엄마의 몫이 된다.

책장을 거실에 놓으니 아이들은 책을 수시로 꺼내서 본다. 나는 처음 구매한 책들은 거실 바닥에 깔아놓는다. 책을 매트 삼아 책 위에 앉아서 놀이도 하고 놀다가 관심이 가는 책은 앉은 자리에서 보기도 한다. 또 어떤 책은 책 뒷면에 찻길이 그려져 있다. 그 책들을 서로 연결하면 도로가 완성된다. 그럼 아이들은 자동차를 가지고 나와 놀이를 한다. 나는 아이들이 책과 친해지고 책을 좋아하는 아이가 되길 바랐다. 거실에 책 환경을 만들어놓으니 아이들은 아침에 일어나 자연스럽게 책장 앞에 앉아 좋아하는 책을 꺼내서 본다. 책을 보고 있는 동안 나는 아이들 아침밥을 챙겨놓고 어린이집 갈 준비를 한다. 우리 집 아침은 때때로 이처럼 평화롭다.

분당에서 학습지 교사를 할 때의 일이다.

어느 남매 아이의 수업을 갔었다. 그 집은 가기 전부터 마음이 불편하다. 거실이 온통 물건들로 가득 차 있어 발 디딜 틈조차 없었다. 내가 수업을 가면 엄마는 두 손으로 바닥을 쓱~ 밀어서 치우고 겨우 책상 하나 놓을 자리를 만든다. 아이들은 수업 내내 집중하지 못한다. 수업하다가 갑자기 화장실을 가고, 무언가를 가지러 가면서 수시로 자리를 이탈한다. 한 과목 수업하는 15분 동안 아이들이 5분가량 자리를 이탈한다. 이 아이들은 수업 효과도 다른 아이들보다 늦게 나타난다. 집중을 하지 못하니 당연한 결과다.

아이들을 가르치러 여러 집을 다니다 보면 엄마들도 다양하고 집 안 환경도 다양하다. 집 안을 보면 아이도 보인다. 집 안 분위기를 보면 아이의 성향도 보인다. 아이에게 가장 큰 영향을 미치는 것은 엄마다. 엄마를 보면 그 아이도 보이고, 아이를 보면 엄마도 보인다.

엄마들은 아이들 영어 교육에 관심이 많다. 아이가 영어를 잘하도록 하려면 영어 환경에 노출시켜야 한다고 한다. 영어 환경에 노출시키는 것은 영어를 많이 듣고 영어 놀이를 하고 DVD를 보면서 주변의 사물을 관찰하고 이야기를 나누면 된다.

그럼 한글을 가르치기 위해서 어떤 환경을 만들어야 할까?

한글도 영어와 마찬가지다. 아이가 많이 들어야 한다. 무엇을 들어야 할까? 첫 번째로 책을 많이 읽어줘야 한다. 책에는 다양한 어휘가 많다. 많은 어휘들을 듣다 보면 아이들은 귀가 트이고 들었던 어휘들을 자연스럽게 받아들이고 사용하게 된다. 또 엄마는 수다쟁이가 되어야 한다. 아이와 서로 이야기를 주고받으며 아이의 말에 귀 기울여주고 아이가 사고를 확장할 수 있도록 열린 질문을 하며 생각할 수 있도록 해야 한다.

환경을 만들기 가장 쉬운 방법은 우리 집 벽이나 거실 유리창에 낱말 카드를 붙여놓는다. 집 안 사물에 사물 이름 카드를 붙여놓아도 좋다. 집 안에 낱말 카드를 붙여놓는 것이 싫을 수 있다. 하지만 어린아이를 키우는 집은 벽을 비롯해 가구들을 깨끗하게 사용할 수 없다. 아이들이 어린이집이나 유치원에서 그리고 만들어온 작품을 붙여놓기를 바라기도 한다.

우리 첫째가 5세 때 나와 친하게 지내던 언니가 있었다. 그 언니 아이는 6세였고 우리 첫째와 친하게 지냈다. 그 아이는 자동차를 너무 좋아했다. 그녀는 아이가 좋아하는 자동차를 활용해 한글을 가르쳤다. 거실 유리창에 커다란 나무를 만들어 붙이고 자동차 그림을 그려 그 인에 글자를 써서 보도록 했다. 아이는 자기가 좋아하는 자동차를 보면서 자연스럽게 글자를 접했고 어렵지 않게 한글을 깨쳤다. 그 아이는 책도 항상 옆구리에 끼고 다닐 정도로 책을 좋아했다. 책으로 길을 만들어 밟고 놀기도 하고 책을 놀잇감처럼 친숙하게 대했다. 그 아이가 사용하는 어휘 수준은 어른들과 이야기가 될 정도로 높았다. 서점에서 책을 고르는 수준도 자신의 나이보다 높은 책을 골라서 읽기도 했다.

코로나가 한창 번지기 시작하던 때 나는 아이들을 집에서 돌봐야 했다. 집에서 아이들을 가르치고 나는 책을 읽으며 시간을 보냈다. 내가 책을 보고 있으면 막내는 책장 앞에 앉아 책을 꺼내어 읽는다. 둘째에게 공부를 가르치고 있으면 막내도 책을 들고와 가르쳐달라고 한다. 형제가 있으면 형제의 영향도 많이 받는다.

수업을 하러 가면 언나나 형이 있는 집은 동생도 수업하겠다고 떼를 쓰는 일도 다반사다. 환경은 아이들에게 아주 중요한 영향을 미친다. 엄마가 환경을 어떻게 만들어주느냐에 따라 우리 아이는 공부를 잘하는 아이가 될 수도 있고 게임을 좋아하는 아이가 될 수도 있다. 지금 우리 집을 한번 둘러보아라. 우리 집 환경이 내 아이에게 어떤 영향을 미치는지 생각해보길 바란다.

7

한글의 첫 시작은 그림책부터

4년 전 나는 북 큐레이터로 일했다.

내 아이들에게 책을 읽어주고 싶었고 책 읽기의 가치를 전하고 싶었다. 우리 둘째는 4세였고, 막내는 3세였다. 내가 학습지 교사로 10여 년 몸담고 있었던 같은 계열사 회사다. 나는 이 회사를 좋아했고 교재와 책도 너무나 마음에 들었다. 학습지는 초등학교 교과 과정과 99% 같았고 책도 연령에 맞게 알차게 구성되어 있다. 서점 가서 단행본을 구매하는 것도 좋지만 나는 체계적으로 짜여진 커리큘럼대로 책을 접해주는 것이 좋았다.

우리 첫째는 이 회사 학습지로 공부했고, 우리 둘째는 학습시와 책을 읽었다. 막내는 책만 읽혔고, 학습은 100% 엄마표로 가르쳤다. 나는 아들 셋을 키우면서 각자 다른 방식으로 교육했다. 아들 셋 중에 가장 이른 나이에 책을 접한 것은 막내다. 첫째와 둘째도 책을 읽어주었지만 체계적이지 않다. 책 읽기에 대해서 잘 모르기도 했다. 좋은 책만 읽어주면 되는 줄 알았다. 우리 첫째는 책을 읽어주려고 하면 꼭 한 책만 가져온다. 그 책은 글밥이 없고 그림만 있는 책이었다. 첫째는 그 책을 너무 좋아하는데 글밥이 없으니 어떻게 읽어줘야 할지 몰라 그림만 보고 설명만 해 주었다. 첫째가 그 책을 또 가져오면 나는 다른 책을 가져오라고 했다. 첫째는 다른 책을 가져오라고 하면 책을 고르지 않았다.

첫째는 유아기 때 책을 많이 읽어주지 못했다. 초등학교에 입학해서 책 읽기 프로그램을 시켰다. 책을 읽고 나면 선생님과 독후 활동을 하는 프로그램이다. 한 달에 책 4~5권을 배송 받고 엄마와 책을 읽고 선생님과 활동지로 독후 활동을 한다. 나는 그때 학습지 교사를 하고 있었고 첫째 선생님에게 책을 읽어주는 것까지 부탁을 드리며 학습 시간을 추가했다. 첫째는 엄마의 손길을 많이 받지 못했다.

둘째는 태어나고 처음으로 맞이한 어린이날에 책 읽어주는 인형을 사 주었다. 인형 안에 칩이 들어 있고 그 칩에서 동화를 들려주었다. 목욕하고 나면 리모컨으로 동화를 틀어주며 몸을 닦아주고 잠을 재웠다. 첫째와 둘째의 터울이 많다 보니 첫째가 보던 책들을 모두 중고로 팔아버려 우리 집에는 책이 없었다. 아쉬운 대로 둘째는 동화를 들려주는 인형으로 만족해야 했다. 둘째가 24개월이 되었을 때, 나는 전에 일하던 학습지 회사의 호기심 프로그램을 시켰다. 내가 수업했을 때 엄마들의 만족도도 높았고 나도 그 수업을 좋아하고 잘했다. 둘째는 24개월에 처음으로 선생님을 만나게 되었다. 아직 말문이 트이지 않은 둘째였다. 호기심 프로그램을 하면서 선생님의 이야기를 들으며 언어 샤워를 한다. 그렇게 조금씩 말문이 트였다. 30개월이 되었을 때는 호기심 프로그램을 그만두고 한글 수업을 시작했다.

둘째가 4세가 되던 여름 나는 북 큐레이터를 시작했다. 일을 시작하면서 아이들에게 책을 사주게 되었다. 매일 밤 8시가 되면 하던 일을 멈추고 리딩 타임을 한다. 나 혼자 하는 것이 아니라 함께 일하는 북 큐레이터 모두가 참여하는 리딩 타임이다. 그 시간에는 책을 읽기도 하고 북패드로 학습을 하기도 하고 독후 활동을 하며 인증샷을 남긴다. 이러한 시간이 쌓이다 보니 아이들은 밤 8시에 책을 읽는 것이 자연스러운 일상이 된다.

둘째와 막내는 잠자리에서도 책을 읽는다. 지금도 잠자리에 누워서 책을 듣고 있다. 잠이 오면 책을 틀어달라고 한다. 그리고 들으며 잠이 든다. 아이들에게 책을 들려주고 나는 책을 쓰고 있다. 매일 밤 책을 읽고 들으며 자다 보니 둘째는 책 한 권을 다 외우게 되었다. 그림만 보고 그 페이지의 글을 다 외웠다. 토씨 하나 틀리지 않고 말이다. 우리 아이들은 책을 접하는 시기가 좀 늦었다. 그래도 다행인 것은 막내가 책을 좋아하는 아이로 자랐다. 둘째도 책을 즐겨 본다. 하지만 막내가 더 많이 본다. 거실에 책장으로 벽면을 가득 메웠다. 아이들은 아침에 일어나 책장 앞에 앉아 책을 꺼내 보며 하루를 시작하기도 한다.

나는 북 큐레이터를 하면서 책 읽기의 중요성을 알게 되었다. 물론 그 전에도 알고 있었다. 하지만 책에 대해 구체적으로 알아가면서 책 읽기를 더 강조하게 된다. 그 이유는 학습지 교사를 하면서 학습에 부진한 아이와 우수한 아이의 차이를 알았기 때문이다. 나는 머리 좋은 아이와 그렇지 않은 아이가 있는 것이라 생각했다. 이 생각은 책을 읽으며 바뀌게 되었다. 세상에는 머리 나쁜 아이는 존재하지 않는다. 아이에게 어떠한 환경을 만들어주느냐의 차이일 뿐이다. 책을 많이 읽은 아이는 학습에서 뿐만 아니라 창의력도 뛰어나다. 내가 교구 수업을 하던 시절, 부모 참여 수업을 진행했었다. 7가베로 수업을 진행했는데 아이들에게 바닷속을 꾸며보기를 하도록 했다. 여럿 아이 중에 유독 눈에 띄는 아이가 있었다. 그 아이는 다른 아이들과 달랐다. 바닷속을 아주 구체적으로 꾸미고 모양 구성도 아주 잘되어 있었다. 나는 그 아이의 부모님에게 바닷속을 직접 본 적이 없었을 텐데 너무 잘 꾸몄다고 칭찬했다. 그 아이 부모님은 아이가 책을 많이 보았기 때문이라고 대답했다. 책을 많이 본 아이는 이렇게 차이가 난다.

나는 아이들에게 한글을 가르치기 전에 사물 인지를 먼저 하도록 한다. 사물 인지가 되지 않으면 글자를 읽을 때도 어려움이 생긴다. 우리 앞집 아이도 그랬다. 비둘기를 보고 참새인지 까치인지 구분하지 못했다. 사물을 구분하지 못하니 낱말 카드를 보여주어도 비둘기 글자를 읽어내지 못했다. 사물 인지는 간접적으로 먼저 시작한다. 보통 영아기 엄마들은 아이들 방이나 거실에 곤충, 동물, 식물, 과일 등 사물 벽보를 붙이며 사물 인지를 돕는다. 그리고 책을 통해서도 사물 인지를 한다. 책도 좋고 벽보도 좋다. 하지만 가장 좋은 것은 실물을 보고 경험하는 것이다. 책과 벽보를 보고 사물 인지를 하다 보면 실물을 보았을 때 구분하지 못하는 경우가 있기 때문이다.

우리 막내는 곤충을 참 좋아한다. 자연 관찰 책을 수시로 꺼내보며 곤충의 생김새와 이름을 알고 비슷한 곤충도 잘 구분한다. 하지만 실제로 곤충을 보면 무서워서 도망가버린다. 그리고 실제 곤충을 보아도 이름을 잘 떠올리지 못하는 경우가 있었다. 이렇듯 실물 경험은 매우 중요하다. 실물을 경험하는 것이 중요한 것도 사실이다. 하지만 한계가 있다. 그래서 책을 통해 간접 경험을 하는 것이다.

 실물을 많이 볼 수 없다면 사물 인지는 책으로 하는 것이 가장 좋다. 책에는 사물의 다양성과 특징이 잘 드러나기 때문이다. 아이들이 쉽게 접하는 사물 숟가락을 예로 들어보자. 숟가락은 특별한 특징이 없다. 그저 둥근 머리에 길쭉한 손잡이로 표현할 수 있겠다. 이런 숟가락을 좀 더 특별한 방법으로 인지시켜준다면 아이들은 숟가락이라는 사물을 특별하고 재미있게 기억할 수 있다. 숟가락은 아이의 식생활과 관련된 생활 사물이다. 숟가락이 이 그릇, 저 그릇으로 바쁘게 옮겨 다니며 맛있는 음식을 아이의 입 속에 넣어주는 모습을 책을 통해 인지한다면 아이는 숟가락에 대해서 좀 더 재미있게 기억하고 인지할 수 있다.

 책에는 의성어, 의태어가 풍부하게 들어가 있다. 다양한 의성어, 의태어를 접한 아이들은 사물에 대해 쉽게 기억하고 친숙하게 느낀다.

 '뒤뚱뒤뚱 오리', '야옹야옹 고양이', '멍멍멍 강아지', '꿀꿀꿀 돼지', '동그랗고 빨간 사과', '아삭아삭 사과', '송알송알 포도', '길쭉길쭉 오이', '둥글둥글 호박' 이렇게 사물 앞에 의성어 의태어를 표현하며 사물인지를 해주는 것이다.

 아이들이 처음 한글을 배울 때 접하게 되는 낱말들은 아이들의 일상생활에서 많이 보고 만지게 되는 것들이다. 낱말 카드로 사물인지를 해줄 수도 있다. 낱말 카드의 장점은 더 많은 사물에 대해 볼 수 있는 것이다.

그림책은 아이가 사물에 대해 구체적이고 다양하게 접하게 한다.

책을 읽어주는 것은 전인 교육을 시키는 것과 같다.

책 속에서 지식을 얻고, 책 속에서 대인관계도 배우고, 책 속에서 자연을 만나고, 책 속에서 인물을 만난다. 또 책으로 예술적 감성을 키울 수 있다. 우리 늦둥이들은 책으로 배변 훈련을 배우고, 책으로 치과에 가도 울지 않는 아이가 되었고, 책으로 미용실에 가서 머리도 잘 자르고 올 수 있게 되었다. 나는 내 아이들에게 책을 접해주는 시기가 늦었다 생각했다. 그래도 후회하지 않는다. 책을 통해 아이들이 배운 것이 많기 때문이다.

책은 아이들에게 다양한 정보를 제공한다. 또 상상하게 만들기도 한다. 공부 잘하는 아이로 만들기도 한다. 책은 아이들에게 없어서는 안 되는 영양소와 같은 것이다.

8

읽는다고 쓰기를 시키지 마라

학습지 교사 신입 시절이었다. 기존에 수업하던 타 교사의 수업을 내가 인수인계를 받았다. 참관 수업을 하면서 선배 교사의 수업을 배우고 상담법도 배운다. 나는 수업을 잘할 자신이 있었다. 사실 수업보다는 상담에 더 자신이 있었다. 학습지 교사 전에 특기교육 강사를 했었기에 부모 상담은 잘할 수 있었다. 학습지 교사를 하면서도 상담은 잘했다. 수업을 인계 받고 나 홀로 수업에 들어갔다. 한글 수업을 무사히 잘 마쳤다. 나와 수업했던 아이는 5세 남자아이였다. 그 아이는 낱말 카드를 모두 다 읽어냈다. 나는 수업 후 상담하면서 "어머니! 우리 아이가 오늘 배운 글자를 다 읽었어요."라고 말했다. 사실 그 아이는 글자를 읽은 것이 아니었다. 낱말 카드의 이미지 글자를 읽은 것이다. 이미지 글자를 읽는다고 먹 글자도 읽는 것은 아니다. 글자 속의 이미지는 아이들이 글자를 쉽게 받아들이도록 한 것이기 때문에 이미지가 없으면 글자를 읽지 못하는 경우가 많다.

한글을 가르치다 보면 엄마들도 나처럼 이런 착각을 하기도 한다. 복습을 하다가 아이가 이미지 글자를 보고 대답하면 신기해하며 기뻐하기도 한다. 하지만 먹 글자를 써놓고 읽어보라고 하면 읽지 못한다. 우리 둘째는 한글을 빨리 깨쳤다. 읽기는 빨리 했지만 쓰기는 어려워했다. 어렵다기보다 손 근육 발달이 덜 되어 연필을 잡는 것이 힘들었다.

아이들이 쓰기를 하기 위해서는 손 근육 발달이 중요하다. 나는 우리 아이들에게 단계별로 필기도구를 쥐어 주었다. 가장 처음에는 손에 움켜쥐고 끄적거릴 수 있는 굵은 색연필(손에 묻지 않는 무독성의 끼우기가 가능한 색연필)을 사주었다. 스케치북에 마음껏 낙서를 하거나 그릴 수 있도록 했다. 그다음은 화이트보드에 쓸 수 있는 보드마카처럼 굵은 것을 준다. 그리고 크레파스, 다음은 샤프식 색연필, 마지막에는 연필을 주는데 4B연필처럼 진한 심을 준다. 연한 심은 흐리게 써지기 때문에 손에 힘이 많이 들어간다.

나는 아이들을 가르치면서 학부모들에게도 이와 같이 설명했다. 엄마들은 한글을 읽기 시작하면 쓰기를 시키고 싶어 한다. 고연령의 유아들도 연필을 잡고 쓰기는 힘들어한다. 초등도 힘들어한다. 어른인 나도 글씨를 오래 쓰면 손가락이 아프다. 글씨를 쓴다는 것은 아이들에게 힘든 일이다.

둘째가 학교에 입학하니 글씨를 쓰는 일이 많아졌다.

매일 책을 읽고 느낀 점을 기록하는 독서기록장을 쓴다. 책을 읽고 날짜와 책 제목을 쓰고 지은이를 쓴다. 간략하게 두 줄 정도 느낀 점을 쓰는 데 30분이 걸린다. 아직 혼자서 원하는 대로 쓰는 것이 어렵다. 느낀 점은 충분히 말할 수 있다. 그것을 글로 옮기는 것은 생각보다 어렵다. 글씨를 쓰는 것이 어렵다기보다 맞춤법을 맞게 써야 하고 띄어쓰기도 맞게 써야 한다. 나는 독서기록장을 아이 혼자 쓰도록 했다. 혼자 쓰면서 모르는 것은 물어보도록 했다. "엄마, '용돈을' 쓰고 띄어야 해요?" 하며 맞춤법과 띄어쓰기를 계속 물어본다. 나는 아이가 물어보는 대로 대답해 준다. 질문할 때마다 귀찮아하거나 짜증을 내면 아이는 물어보지 않고 혼자서 끙끙대며 어려워한다. 또 대충 마음대로 써버린다.

나는 아이들의 질문에 되도록 대답해주려 노력한다. 그렇게 묻고 또 물으며 혼자서 독서기록장을 완성한다.

7세가 되면 초등 준비를 한다. 나는 학습지 교사를 하면서 7세 아이들을 모아서 일기 쓰기 수업을 별도로 진행했었다. 일기 쓰기의 종류는 다양하다. 그림일기, 독후일기, 재활용일기, 감사일기, 생활일기 등 아이들이 쓰고 싶은 일기를 쓸 수 있도록 했다. 나와 수업하고 있는 아이들을 모아서 내가 일하는 지국으로 데리고 갔다. 아이들과 어떤 일기를 쓸지 의논을 하고 독후일기를 쓰기로 했다. 책 한 권을 아이들에게 읽어주었다. 책을 읽고 난 후의 느낌을 각자 이야기하는 시간을 가졌다. 한 사람씩 느낀 점을 이야기해보았다. 그 후에 일기를 쓰도록 했다. 아이들은 그림도 그리고 글씨도 쓰면서 일기 쓰기에 재미를 붙였다. 친구들과 함께 하니 더 즐거워했다.

아이들과 일기 쓰기 수업을 하면서 아이들이 쓰기를 할 때 어떤 부분을 어려워하고 힘들어하는지 알 수 있었다. 가장 어려워 하는 것은 맞춤법이다. 우리나라 말은 글자를 쓸 때 소리 나는 대로 쓰면 안 된다. "점심밥으로 라면을 먹어요."라는 문장을 소리 나는 대로 쓴다면 '점심빱으로 라며늘 머거요.'라고 쓰게 된다. 영어는 철자만 맞게 쓰면 문제되지 않는다. 한글은 다르다. 소리 나는 대로 글자를 쓰면 맞춤법에 맞지 않는 것이 된다. 그래서 우리말이 어려운 것이다.

학교에서 받아쓰기 하던 기억을 떠올려보자. 100점을 맞은 적도 있지만 한두 글자를 잘못 써서 80점, 90점을 받기도 했을 것이다. 받아쓰기한 문장에서 받침 하나만 틀려도 그 문제는 틀린 것이 된다.

아이에게 처음 영어 교육을 시킬 때 가장 먼저 하는 것은 듣기다. 많이 들어야 귀가 열리고 말문이 트인다고 한다. 영어도 듣기, 말하기, 읽기, 쓰기의 순서대로 배운다. 국어도 마찬가지다. 아이들도 국어를 배울 때 듣기, 말하기, 읽기, 쓰기의 순서로 배운다. 어느 언어에서도 쓰기는 가장 마지막에 배우게 된다. 쓰기를 가장 뒤늦게 배우는 것은 4개의 영역 중에 가장 어려워서일 것이라는 생각이 든다.

쓰기는 두 종류가 있다. 글쓰기와 글씨 쓰기다.

글쓰기는 일기를 쓰거나, 편지를 쓰거나 긴 문장으로 된 형태의 글이다. 글씨는 간단한 한 글자나 단어 정도를 쓰는 것으로 구분할 수 있다. 지금 우리 아이들이 쓰는 것은 글씨 쓰기에 좀 더 비중을 둔다. 아직 연필을 잡고 쓰는 것을 연습하는 시기이기 때문이다. 글씨 쓰기를 연습할 때는 아이가 힘들지 않도록, 스트레스 받지 않도록 해야 한다. 쓰기를 하다가 힘들어하면 잠시 쉬었다 쓰도록 해도 좋다. 손에 힘이 약하기 때문에 오랜 시간 쓰지 못한다.

『언어능력 키우는 아이의 말하기 연습』의 저자 신효원은 "아이의 말은 글이 됩니다. 아이와 툭툭 만들어 낸 그 문장을 아이에게 써보게 하면 그것이 바로 글로 쓴 문장이 되는 거고요, 아이와 말꼬리 잡기 말놀이를 하며 만들었던 이야기를 글로 쓰면 그것이 하나의 짧은 동화가 되는 겁니다. 아이들의 글쓰기는 거창한 것이 아닙니다. '내가 말한 것을 글로 쓰면 글이 되는 것이다'를 알아채 가는 과정이 글쓰기의 시작이며, 그 과정을 통해 쓰기에 익숙해지는 겁니다. '자, 이제 글을 써보자, 일기를 써보자'라고 하며 자리에 앉혀 글을 쓰게 한다면 한 문장, 아니 단어 하나 쓰는 것조차 고통스럽고 어렵기만 할 것입니다."라고 말한다.

쓰기는 어렵고 힘들면 안 된다. 아이들은 무엇이든 즐겁게 해야 한다. 그래야 싫증을 느끼지 않고 오래할 수 있다. 아이가 한글을 모르는데 어떻게 글을 쓰냐고 물을 수 있다. 쓰기를 꼭 아이가 스스로 해야 된다는 생각을 버려라. 『언어능력 키우는 아이의 말하기 연습』의 저자 신효원은 부모가 대신 아이의 말을 대필해주는 것부터 해도 좋다 한다. 아이의 말이 글이 되고 하나의 동화가 되고 하나의 시가 된다는 것을 알려주는 것도 방법이라고 한다.

나는 아이들 한글을 가르치면서 이미지 낱말 카드에 따라 쓰기를 하도록 했다. 쓰기가 힘들다면 글자를 색칠하도록 했다. 이미지 글자에 따라 쓰기를 하면서 또는 검정색을 칠하면서 글자가 검정색으로 변해가는 과정을 눈으로 보고 손으로 느끼도록 한다. 이런 과정을 거치면 아이는 이미지 글자로만 받아들였던 낱말들을 먹 글자로 자연스럽게 받아들인다. 그러면서 다른 사람이 쓴 글자도 읽게 된다.

쓰기를 지도하는 방법은 다양하다. 우리 아이에게 어떤 방법이 좋은지 생각해보고, 아이가 무엇을 좋아하는지 파악하면서 쓰기를 가르쳐야 한다. 아이들은 영어, 한자, 숫자, 한글 중에 쓰기를 가장 힘들어하고 싫어하는 것은 한글이다. 영어, 한자, 숫자는 힘들어하지 않는다. 그 이유는 이 문자들을 처음 배울 때 이미지로 인식하고 배우기 때문이다. 해서 쓰기를 할 때도 글자를 쓴다고 생각하지 않는다. 또 엄마들은 한글 쓰기를 가르칠 때 순서에 맞게 쓰도록 강요한다. 나도 그랬다. 다른 것들은 그저 재미있게만 하라는 마음이 있었다. 하지만 한글은 획순에 맞게 쓰도록 했다. 그래야 글씨가 바르고 예쁘기 때문이다.

내가 가르치던 아이 중에 6세 남자아이가 있었다. 보통 6세 나이의 남자아이는 연필을 잡고 몇 글자 쓰는 것도 힘들어 한다. 그런데 이 아이는 문장을 쓰기도 하는데 글씨도 너무 예쁘고 깔끔하게 잘 썼다. 수업 때마다 아이의 글씨를 칭찬하곤 했다. 글씨만 예쁘게 쓰는 것이 아니다. 수업 태도도 바르고 집중도 잘했다. 한참 까불고 장난끼 많을 나이에 비해 반듯한 아이었다. 아직도 기억에 남는다.

나는 우리 아이들이 무엇이든 즐겁게 하기를 바란다. 공부도, 책 읽기도, 놀이도 즐겁고 재미있어야 한다 생각한다. 아이가 공부를 하다가 집중하지 못하거나 하기 싫어하면 중단시킨다. 집중하지 못하는데 억지로 앉아서 하는 것은 아무 의미가 없다. 즐거운 마음으로 해야 능률도 오르고 집중도 잘되는 법이다.

아이들에게 책 읽어주는 시기는 초등 3학년까지 해줘야 한다고 한다. 그렇다면 아이의 쓰기도 기다려줘야 한다. 쓰기는 어른도 어렵다. 맞춤법, 띄어쓰기에 신경 써야 하고 오래 쓰기를 하면 손도 아프다. 한글은 외국어보다 까다롭다. 아이가 맞춤법을 틀리게 쓰고, 띄어쓰기를 못 해도 괜찮다. 아직 배워가는 과정이니 가르쳐주면 된다.

"너는 한글 뗀 지가 언젠데 아직도 그것도 못 써!" 하며 야단치지 말자. 독서기록장 두 줄 쓰는 데 30분이 걸리면 어떤가. 아이가 혼자 쓰려고 노력하는 모습을 칭찬해주자. 스스로 하는 모습을 칭찬해주자. 칭찬은 고래도 춤추게 한다고 했다. 엄마의 칭찬이 우리 아이를 공부하게 할 것이다.

4장

단계별
엄마표
한글 놀이법

통 문자 단계

한글을 어느 단계부터 시작해야 할지에 대한 고민을 많이 한다.

아이의 연령과 발달 단계에 맞게 단계를 정해서 해도 무방하다. 어린 연령은 통 문자로 쉽고 재미있게 시작해야 한다. 한자를 배울 때 상형문자를 떠올려보자. '해 일日'을 배울 때 이 글자는 해의 모양을 본떠서 만든 글자라는 것을 가르친다. 한글도 마찬가지다. 통 문자를 이미지화해서 아이들에게 쉽게 접근을 해서 통 문자에 먹 글자를 접목시키는 과정이 들어간다면 아이들은 통 문자에 이미지가 없어도 받아들일 수 있다. 혹자는 한글을 통 문자로 가르치지 말라고 한다. 한글은 말을 할 줄 아는 사람이면 누구나 배울 수 있게 만들어졌다고 한다. 이 말도 맞다. 하지만 무조건 한글의 원리를 이용해 가르친다면 어린 연령의 아이들은 의미 없는 낱자들을 받아들이기 어렵다. 그래서 통 문자부터 단계를 밟아나가며 가르치는 것이 더 효율적이다. 내가 10여 년간 아이들을 가르치면서 경험한 것들을 언급하는 것이다. 그러니 내가 알려주는 대로 가르치는 것이 효율적일 수 있다.

자, 그럼 아이와 함께 할 수 있는 놀이법을 알아보자.

01) 시장 놀이

준비물: 낱말 카드, 소꿉놀이 소품, 장난감 돈

아이들과 시장에 가면 어떤 물건이 있는지 이야기 나눈다. 시장이 아니라 마트여도 좋다.

"정민아, 우리 정민이 장난감 사러 마트에 갔었지? 마트에 어떤 물건들이 있었는지 기억나니?"

"음~~ 장난감도 있었고, 지하에 가면 과자도 있고 과일도 있고 먹을게 많았어요."

"오~~! 그래. 정민이가 기억을 아주 잘하고 있었네. 그럼 정민이는 어떤 물건을 사고 싶어?"

"과일이요."

"그래. 그럼 우리 과일과 채소를 한번 사러 가볼까?"

아이와 무엇을 사고팔지 이야기하며 정해본다.

1. 먼저 낱말 카드를 준비한다.(소꿉놀이용 놀잇감이 있다면 함께하면

더 좋다.)

2. 낱말 카드를 과일과 채소 종류를 골라 나열한다.(과일은 과일끼리 채소는 채소끼리 분류한다. 일상 속에서의 분류는 수학 영역에 도움을 준다.)

3. 카드의 그림을 보며 채소의 이름을 말해보고 글자도 함께 읽는다.

4. 판매자와 소비자의 역할을 정한다.

5. 판매자는 물건을 팔고 소비자는 물건을 구매하며 놀이한다.

6. 아이가 구매한 물건들을 다시 살펴보고 글자를 한 번 더 읽어본다.

7. 놀이를 정리하고 마무리한다.

Tip. 형제가 있다면 함께 참여하면 놀이가 더 흥미롭다. 형제 아이와 함께 물건을 사고팔면서 돈 계산을 해보자. 나는 장난감 돈으로 놀이를 하며 돈 계산도 함께했다. 돈 계산 연습을 해보면 슈퍼에 가서 물건을 살 때 아이가 스스로 계산을 해보기도 한다.

아이들과 시장 놀이를 하는 모습이다. 과일과 채소를 분류해서 한 사람은 물건을 팔고 한 사람은 물건을 구매한다. 이 과정에서 색종이로 만든 돈으로 물건을 계산하며 돈 계산도 함께했다.

02) 볼링 놀이

볼링 놀이는 신체 활동 놀이다.

또한 재활용품을 활용해서 아이들에게 환경에 대한 인식도 심어줄 수 있다.

준비물 : 재활용 페트병(500ml) 6개, 낱말 카드, 투명테이프, 색깔 종이테이프, 장난감 공(말랑한 공으로 준비하자.)

1. 아이와 어떤 주제의 낱말 카드를 붙여서 놀이할 것인지 정한다.

2. 페트병에 주제와 관련된 낱말 카드를 붙인다.

3. 병을 세우고 공을 굴릴 수 있는 길을 만든다. (색깔 종이테이프로 길을 만든다.)

4. 승부를 가를 수 있는 점수를 정한다. 예를 들면 100점을 정하고 먼저 선점한 사람이 이기는 방식으로 승패를 정한다.

5. 가위, 바위, 보를 해서 순서를 정한다. (아직 가위, 바위, 보를 모른다면 주사위를 굴려서 숫자가 많이 나오는 사람이 먼저 하는 방법도 좋다.)

6. 순서를 정했다면 공을 굴려 페트병을 쓰러뜨리며 볼링 게임을 한다.

7. 어떤 것을 쓰러뜨렸는지 병에 붙은 낱말을 읽어주며 아이가 글자를 보도록 한다.

Tip. 낱말 카드가 너무 커서 병에 붙이기 어렵다면 아이와 종이에 글자를 함께 써서 붙여도 된다. 종이는 색종이보다 흰 종이를 권장한다. 색종이에 글자를 쓰면 아이는 글자보다 색으로 글자를 인식할 수 있다. 예를 들면 '파란색에는 자동차가 써 있네.'라고 기억하게 된다. 또한 승부욕이 강한 아이라면 엄마가 져주면서 놀이하며 승부욕을 충족시켜주자. 이런 아이는 자신이 지게 되면 다시는 게임을 하려고 하지 않을 것이다. 승패를 인정할 수 있도록 가르치는 것이 좋지만 받아들이지 못할 수도 있다. 그럴 경우에는 아이를 인정해주고 놀이에 집중하도록 하자.

03) 스피드 게임

스피드 게임은 내가 아이들과 수업할 때 많이 했던 놀이다.

카드를 넘기면서 글자를 읽지 못하면 '땡' 하는 효과음을 아이들은 무척 좋아한다.

준비물 : 낱말 카드

"정민아, 오늘은 엄마랑 스피드 게임 해볼까?"

"그건 어떻게 하는 게임인데요?"

"엄마가 정민이한테 낱말 카드를 보여주면 정민이가 카드를 빨리 읽어야 해. 엄마가 똑딱똑딱 시계 소리를 낼 거야. 시계 소리가 들리면 최대한 빨리 읽어야 엄마가 다음 카드를 보여줄 수 있어. 1분 동안 누가 많이 맞혔는지 시합하는 거야. 어때 재미있겠지?"

"네! 내가 엄마보다 더 많이 맞힐 거예요."

아이와 게임에 대해 이야기를 나누며 규칙을 설명한다.

우리가 알고 있는 스피드 게임은 문제를 내는 사람은 그림이나 단어를 보고 상대방이 답을 알 수 있도록 설명하면서 하는 게임이다. 내가 하는 방법은 아이들과 짧은 시간에 임팩트 있게 놀이를 할 수 있다.

1. 어떤 주제의 카드로 놀이를 할 것인지 정한다. (주제를 정하지 않고 다양하게 섞어도 좋다.)

2. 핸드폰 타이머로 1분을 맞춘다.

3. 엄마가 먼저 문제를 낸다. 아이에게 글자가 보이도록 카드를 잡고 넘기면서 게임한다.

4. 아이가 빨리 대답을 할 수 있도록 유도한다.

5. 아이가 문제를 맞히면 '띵동' 하며 넘기고 틀리면 '땡' 하며 카드를 뒤로 넘긴다.

Tip. 게임을 하면서 엄마가 입으로 시곗바늘 움직이는 효과음을 내면 놀이가 더 재미있다. 나는 수업하면서 '똑딱똑딱' 효과음을 직접 소리를 냈다. 아이들은 이 소리에 마음이 바쁘다. 마음이 바쁘니 알던 글자도 못 맞히는 경우가 있다. 이 놀이는 이런 재미를 느끼며 즐겁게 할 수 있다. 나와 수업했던 아이들은 이 게임을 아주 재미있어 했다. 이 게임도 형제가 있다면 함께하기 좋다. 우리 둘째 아이 친구는 삼 남매다. 아이가 셋이니 아이들끼리 스피드 게임을 하면서 놀곤 했다. 꼭 글자만 보고 하지 않아도 된다. 그림을 보고 설명하면 맞히는 식으로 해도 재미있다.

04) 카드 숨바꼭질 놀이

카드 숨바꼭질은 우리 집 모두가 놀이 장소가 된다.

하지만 찾는 범위가 너무 넓으면 흥미를 잃을 수 있으니 장소를 정하는 것도 좋다. 나는 주로 거실에서 놀이를 했다.

준비물 : 한글 낱말 카드, 영어 낱말 카드, 숫자 카드

"수민아, 정민아, 우리 숨바꼭질할까?"

"네! 좋아요! 그런데 집에는 숨을 곳이 없는데 어떻게 해요?"

"우리가 숨는 게 아니고 이 카드들이 숨을 거야. 술래가 '꼭꼭 숨어라 머리카락 보인다.' 하면서 숫자를 세면 다른 사람은 카드를 숨겨야 해. 카드를 많이 찾은 사람은 술래가 되는 거야."

"와~~! 재밌겠다. 엄마 숨바꼭질할래요."

우리가 어린 시절 숨바꼭질했던 기억을 생각하면서 아이와 카드 숨바꼭질을 해보자. 엄마와 함께하는 놀이가 아이에게는 행복한 추억으로 남을 것이다.

1. 카드의 수를 정한다. (너무 많으면 카드를 찾다가 지쳐버린다.)

2. 술래를 정한다. (가위, 바위, 보 또는 주사위로 술래를 정한다.)

3. 술래는 벽에 기대어 눈을 가리고 숫자를 센다. 수를 다 세면 카드를 찾는다.

4. 술래가 수를 세는 동안 카드를 숨긴다.

5. 술래가 카드를 찾는다.

6. 술래가 찾은 카드를 읽으면서 몇 장의 카드를 찾았는지 세어본다.

7. 카드를 많이 들킨 사람이 술래가 된다.

Tip. 카드를 숨기는 장소를 정해야 한다. 집 안 여기저기 숨기면 온 집 안을 돌아다니면서 산만해지고 카드를 찾다가 금세 지쳐버린다. 카드를 숨기는 장소는 아이들의 눈높이에 맞는 곳에 숨겨야 한다. 너무 꼭꼭 숨겨 아이가 찾지 못해도 흥미가 떨어진다. 책장 사이에 카드가 살짝 보이도록 하거나 아이 눈에 잘 띄는 곳에 두어 찾는 재미를 주고 성취감도 줄 수 있다. 숨바꼭질 놀이는 온 가족이 함께할 수 있는 게임이다. 형제가 있다면, 영어 카드와 숫자 카드를 함께 숨겨도 좋다. 서로에게 맞는 카드를 숨기고 함께 놀이하고 공부할 수 있어 일석이조다.

낱말 카드를 숨길 때 이렇게 아이의 눈에 잘 띄게 숨긴다. 그래도 못 찾는 경우가 있으니 너무 꼭꼭 숨기지 않도록 하자.

하루 10분 엄마표 한글 놀이

05) 징검다리 놀이

아이들은 신체 활동을 하면서 대근육을 사용한다. 대근육을 많이 사용하면 두뇌 발달에도 도움 된다. 징검다리 놀이는 책과 함께할 수 있고 상황극을 만들어 놀이할 수 있다. 카드가 면적이 좁으므로 책 위에 카드를 올려놓고 밟아가며 놀이 한다.

준비물 : 낱말 카드, 책, 각종 인형들이나 자동차

1. 낱말 카드를 주제별로 어떤 주제로 놀이할지 정한다.
2. 카드는 6~8장이 적당하다.
3. 책으로 징검다리를 만들고 그 위에 낱말 카드를 올려놓는다.

"정민아, 저기 숲속에 괴물이 살고 있는데, 백설 공주가 괴물한테 잡혀 있대. 정민이가 백설 공주를 구해줄 수 있겠어?"

"네! 백설 공주 구하러 갈 거예요."

"그런데 저기 징검다리에 있는 과일들을 먹고 가야지 힘이 나서 백설 공주를 구할 수 있어."

4. 낱말 카드가 올려진 징검다리를 밟고 한 발로 서서 과일을 먹고 한 발이 땅에 닿게 되면 다시 처음부터 돌아가야 한다. (카드의 주제는 아이가 좋아하는 주제로 정하고 주제에 맞게 상황을 바꿔서 놀이하면 된다. 이 상황은 내가 만든 상황극이므로 아이와 함께 재미있게 상황극을 꾸며 보자.)

5. 징검다리를 다 건너면 어떤 과일을 먹었는지 낱말 카드를 같이 읽어본다.

"와! 정민이가 사과, 수박, 배, 포도, 바나나를 먹고 백설 공주를 구했네."

하며 아이가 먹은 과일 글자를 보여주며 읽어준다.

Tip. 아이가 좋아하는 주제를 정하고 다양한 장난감을 활용해서 놀이해도 좋다. 자동차를 좋아한다면, 탈것들로 징검다리를 만들어도 된다. 놀이는 창의적으로 바꾸어 하되, 놀이 후 마무리는 낱말 카드를 한 번씩 되짚어보고 읽어주며 아이가 더 놀고 싶어 할 때 마무리한다. 아쉬움이 남아야 다음 놀이가 더 즐거운 법이다.

06) 즐겁게 춤을 추다가 놀이

"즐겁게 춤을 추다가 그대로 멈춰라!" 이 노래를 활용한 신체 활동이다.

이 놀이는 앉아서 카드 먼저 가져가기로도 할 수 있고 바닥에 카드를 여기저기 흩어 놓고 카드 찾는 게임을 즐길 수 있다.

준비물 : 낱말 카드

1. 놀이할 카드의 주제를 정한다.

2. 카드를 6~8장 준비하고 나란히 나열한다.

3. 카드를 놓으면서 글자를 읽어주며 놓는다.

4. '즐겁게 춤을 추다가 나비를 찾아라' 노래를 하면서 낱말의 이름을 말하고 먼저 카드를 가져간다.

5. 노래의 '그대로' 부분을 찾고자 하는 단어로 바꾸어 부르면서 게임을 한다.

6. 노래의 속도와 강약을 조절하면서 게임한다.

7. 카드를 다 찾으면 찾은 카드를 읽어보고 몇 장 가져갔는지 수를 센

다.

8. 카드를 더 많이 가져간 사람이 이긴다.

Tip. 이 놀이는 앉아서도 할 수 있고 돌아다니며 할 수 있다. 카드를 거실 바닥에 흩어 놓고 노래를 부르며 '그대로 멈춰라' 부분에서 '나무를 찾아라' 이렇게 바꿔 부르며 카드를 빨리 가져간다. 이 놀이도 내가 수업하면서 많이 했던 놀이다. 신체 움직임이 활발한 아이는 거실에서 카드를 흩어 놓고 놀이했다. 노래의 속도와 강약 조절은 아이들의 흥미를 일으킨다.

한 글자 단계

한 글자 단계는 통 문자 단계를 연결해서 할 수 있다.

낱말 카드를 살펴보면 같은 글자들을 찾아볼 수 있다. 예를 들면 코끼리, 코뿔소, 코스모스, 코코넛 등 '코' 글자가 들어가는 단어 카드만 모아 놓고 아이에게 어떤 글자가 똑같은지 질문을 한다. 만약 아이가 대답을 못 하거나 어려워한다면 같은 글자를 아이 손가락으로 짚도록 한다. 손가락으로 짚으며 같은 글자를 소리 내서 말한다.

이 과정을 거치면 아이는 낱말 속에서 같은 글자들을 찾아내려고 할 것이다.

통 문자 단계에서 했던 낱말 카드 놀이를 하면서 같은 글자를 찾는다. 예를 들면 '잠자리, 개나리, 개구리, 오리, 너구리' 이렇게 같은 글자가 있는 카드를 나열하며 아이와 노래를 부르며 같은 글자를 찾는다.

준비물 : 낱말 카드, 한 글자 카드, 스케치북, 색연필

"정민아, 여기 카드에 똑같은 글자들이 있어. 정민이도 똑같은 글자가 보여?"

"어! 엄마, 이거요." (손가락으로 '코'자를 가리킨다.)

"와~! 정민이가 잘 찾았네. 이 글자는 '코'라고 읽어. 코끼리, 코뿔소, 코스모스 모두 같은 글자가 들어가지? 그리고 우리 몸에도 이 글자를 찾을 수 있어. 정민이가 손으로 가리켜볼래?" (아이가 코를 가리키도록 한다.)

이렇게 아이와 이야기를 나누며 같은 글자를 찾아보자.

1. 아이와 낱말 카드를 펼쳐놓는다.

2. 카드의 낱말들을 같이 읽고, 같은 글자는 강조해서 읽는다.

3. 낱말 카드에서 한 가지 뜻을 가진 글자를 찾아본다.

4. 뜻을 가진 글자를 찾았다면 그 글자가 들어간 낱말도 찾아서 스케치북에 쓴다.

5. 스케치북에 써놓은 글자에서 한 가지 뜻을 가진 글자만 모양을 그린 후 색칠한다.

Tip. 코, 비, 소, 무, 파, 양, 불, 물 등 한 가지 뜻을 가진 글자를 '일음어'라고 한다. '일음어'는 글자 혼자서도 뜻을 가지고 낱말이 된다. 한 글자라고 모두 의미가 없는 것은 아니다. 이처럼 일음어는 혼자 소리를 낼 수 있고 뜻을 가지고 있다.

08) 한 글자 조합 놀이

통 문자에서 낱자 분리를 해보았다.

그럼 이제 한 글자들을 조합할 차례다. 한 글자를 조합해서 통 문자, 낱말을 만든다. 낱자 카드를 준비한다. 낱자 카드가 없다면 만들어서 사용해도 좋다. 낱자 카드는 시중에서 구하기가 조금 어렵다. 학습지 수업을 하는 경우에는 낱자 카드를 구할 수 있었지만, 요즘은 대부분 태블릿 수업을 해서 낱자 카드 구하기 어려워졌다.

낱자 카드는 스케치북이나 도화지에 한 글자씩 써서 가위로 모양을 내서 오리면 간단하다. 처음에는 받침 없는 글자부터 조합해본다. (하마, 가지, 사자, 오리, 나무, 타이어, 코끼리, 치타 등) 이러한 조합을 통해서 하나의 의미 없는 글자들이 낱말을 이루고 뜻을 가진 낱말이 된다는 것을 배우게 된다.

준비물 : 한 글자 카드, 통 문자 카드

1. 통 문자 카드에서 주제와 상관없이 받침 없는 낱말들을 고른다.(오

리, 나무, 가지, 하마, 사자, 오이 등)

2. 통 문자 낱말을 보고 한 글자 카드에서 같은 글자를 찾아 맞춰본다.

3. 통 문자 카드에서 낱말을 만들 카드를 고른다.

4. 내가 고른 카드의 낱말을 한 글자 카드에서 찾아 낱말을 만든다.

5. 엄마와 아이가 서로 마음에 드는 통 문자 카드를 골라 누가 먼저 낱말을 만드는지 시합해본다.

6. 통 문자에서 두 낱말을 합쳐서 새로운 낱말을 만들어본다. (사과+나무=사과나무, 나무+의자=나무의자 등)

7. 두 낱말을 합쳐서 '합성어'를 만들어본다.

8. 아이들이 만들고 싶은 재미있고 다양한 조합으로 새로운 '합성어'를 만들어본다.

Tip. 아이들은 통 문자는 인지를 쉽게 잘한다. 반면 한 글자는 인지가 어렵다. 의미 없는 한 글자를 조합해서 의미를 가진 낱말을 만드는 과정에서 글자의 조합과 분리를 할 수 있다. 또 두 낱말을 합쳐서 또 하나의 낱말을 만들 수 있다. 이러한 낱말을 '합성어'라고 한다. 위의 예시처럼 두 낱말로 새로운 낱말을 만들어보며 아이들과 신기하고 재미있는 낱말의 탄생을 경험할 수 있다.

09) 같은 모양 속 글자 색칠하기

나는 막내와 통 문자로 놀이를 한 뒤에 낱말 카드에 있는 글자들을 스케치북에 하나씩 떨어뜨려 썼다. 그리고 글자에 동그라미, 세모, 네모 등 다양한 모양을 그렸다. '고양이'는 동그라미, '사탕'은 세모… 이렇게 한 낱말에 모양을 그려 같은 모양끼리 같은 색을 칠하도록 했다. 색칠하는 과정을 통해 각각 떨어져 있는 글자들의 같은 모양을 찾음으로써 단어가 됨을 알게 했다. 막내는 색칠하는 것을 좋아했고 소근육 발달에 집중하고 집에서 조용히 할 수 있는 것을 생각하다가 이 방법을 찾았다.

준비물 : 낱말 카드, 스케치북, 색연필

1. 낱말 카드에 있는 단어를 스케치북 여기저기에 흐트러지게 써놓는다.
2. 각각 다른 모양을 그리며 같은 모양 속에 한 단어를 쓴다. '사과'는 동그라미, '헬리콥터'는 네모… 이렇게 단어마다 다른 모양을 그린다.
3. 아이에게 같은 모양의 글자를 마음에 드는 색으로 칠하게 한다.
4. 아이가 칠한 책의 글자를 읽어보도록 한다.

5. 읽어본 글자를 다시 스케치북에 써보며 한 단어가 만들어짐을 확인한다.

Tip. 이 활동은 놀이라기보다 한 글자들이 모여 낱말이 됨을 보여주는 활동이다. 이 활동을 통해 아이들은 낱말로 인지했던 글자들의 독립되는 모습을 알 수 있고 의미 없는 글자가 모여 의미를 가진 낱말이 됨을 인지하게 된다.

하루 10분 엄마표 한글 놀이

10) '가, 가, 가' 자가 들어가는 것

"리 리 리 자로 끝나는 말은? 개나리, 미나리, 봇다리, 고사리, 유리, 항아리."

하면서 노래를 불렀던 어린 시절이 떠오른다. 이 노래는 아마 많이 알고 있을 것이다. 이 노래를 아이들과 수업하면서 불러주기도 했다. 이 노래를 부르면서 한 글자가 들어가는 낱말 찾기 놀이를 할 수 있다.

준비물 : 한 글자 카드, 통 문자 카드

1. 한 글자 카드와 통 문자 카드를 준비한다.

2. 5가지 정도의 한 글자(통 문자에서 많이 출연하는 글자)를 찾는다.

3. 찾아 놓은 한 글자가 들어가는 통 문자 카드도 준비한다.

4. 통 문자 카드를 모두 골고루 섞어준다.

5. 준비가 되었다면 엄마가 먼저 노래를 부르며 놀이하는 방법을 보여준다. ("마 마 마 자가 들어가는 말~~ 하마, 고구마, 마늘, 치마, 마요네~즈.")

6. '마' 낱자 카드를 찾아놓고 '마' 자가 들어가는 통 문자 카드도 찾으면

서 노래에 맞춰 카드를 뽑아 나란히 놓는다.

7. 찾아 놓은 카드를 함께 읽는다. 같은 글자는 강조해서 읽는다.

Tip. 같은 글자를 찾고 같은 글자가 들어가는 낱말을 읽으면서 그 글자만 강조하는 게임도 재미있다. 다람쥐, 다리미, 다리, 사다리 이렇게 한 글자를 강조하면서 리듬감 있게 낱말을 읽으면 아이들도 재미있어 하고 엄마도 재미있어 놀이가 한층 더 즐겁다.

- 3 -

읽기 단계

통 문자와 한 글자를 어느 정도 알아보았다. 이제 글자를 더듬더듬 읽을 수 있게 되었다. 이 시점에서 읽기 연습을 해야 한다. 아직 한글도 다 못 떼었는데 어떻게 읽기 연습을 할까?

읽기 단계에서는 책처럼 글밥이 많은 글을 읽는 것이 아니다. 먼저 두 어절로 된 문장을 읽는다. 두 어절로 된 문장도 서술어가 반복되는 읽기를 연습한다.

처음에 두 어절, 그 다음은 세 어절 그리고 짧은 문장 읽기를 연습하게 될 것이다. 읽기 연습을 하지 않게 되면 어떤 일이 일어날까?

읽기 연습을 하지 않으면 글을 읽는 것이 아니라 글자를 읽게 되는 현상이 나타난다. 낱자 하나하나를 띄어 읽게 된다는 뜻이다. 글은 문장을 끊어 읽으면서 문장의 뜻을 이해하고 글의 흐름을 파악해야 한다. 그런데 글자를 하나하나 읽게 되면 글의 흐름을 이해하기 어렵다. 즉 문해력 발달에 지장이 생긴다.

'아버지가 방에 들어가신다.'라는 문장을 제대로 띄어 읽지 않으면 '아버지 가방에 들어가신다.'가 되어버린다. 그래서 읽기 연습, 즉 끊어 읽기 연습이 반드시 필요하다.

그럼 읽기를 어떻게 접근해야 하는지 알아보자.

11) 동시집 읽으며 반복되는 어휘 알기

동시를 읽다 보면 반복되는 어휘들이 나온다. 동시에는 의성어, 의태어의 반복이 많다. 이런 어휘들은 아이들이 따라 읽기가 쉽고 재미있다. 반복되는 어휘들을 자주 노출시키며 문장 카드로 연결하면 더 효과적이다.

'사자가 웃어요.'

'하마가 웃어요.'

'악어가 웃어요.'

여기서 반복되는 어휘는 '웃어요'이다. 앞에 낱말은 다른 것들로 얼마든지 바꿔도 좋다. 동시집이 아니어도 문장 카드를 준비해서 아이의 상황에 맞는 문장을 만들어 놀이해도 된다.

'나는 엄마가 좋아요.'

'나는 아빠가 좋아요.'

'나는 할머니가 좋아요.'

이렇게 아이에게 친숙한 대상을 활용해서 문장을 만들어 읽기 놀이를 한다. 여기 문장들을 보면 조사가 모두 같다. 문장을 만들 때도 같은 조사를 사용하여 조사도 공부할 수 있도록 한다.

12) '은, 는, 이, 가, 을, 를' 조사 알기

동시집을 읽으며 문장 읽기 연습을 해보았다. 문장을 읽다 보면 조사가 나온다. '은, 는, 이, 가, 을, 를'이 밖에도 다양한 조사가 많다. 이 조사들도 읽는 연습을 통해 익힌다. 조사는 명사를 이어주는 말이기 때문에 의미가 없다. 그래서 자연스럽게 읽기를 통해서 알아야 한다. 아직 글자를 배우는 단계에서 조사의 의미를 정확하게 알 필요는 없다. 하지만 읽는 과정에서 조사가 어떻게 쓰이는지 알 수 있다. 명사에 받침이 있는 것과 없는 것에 따라 조사의 쓰임이 다르다. '사과, 사자, 거미, 호랑이'처럼 마지막 글자에 받침이 없는 낱말에는 '가, 는, 를'과 같은 조사가 쓰이고, '말, 불, 물, 호박, 자몽, 달걀'처럼 받침이 있는 낱말에는 '이, 은, 을'이 쓰인다. 이것을 외울 필요는 없다. 그저 읽기 연습을 통해서 자연스럽게 접하면 된다.

나는 막내에게 조사를 가르칠 때 스케치북에다 짧은 문장을 여러 개 썼다. 그리고 낱말 뒤에 똑같은 글자가 무엇인지 찾도록 했다. 이미 한글자 학습이 끝난 상태라 똑같은 글자 찾기는 어렵지 않았다.

'사자가 웃어요.'

'하마가 웃어요.'

'악어가 웃어요.'

읽기 단계에서 사용했던 짧은 문장을 쓴다.

"정민아, 엄마랑 같이 여기 글자 읽어볼까?"

"어! 그런데 여기에 똑같은 글자가 있어. 정민이가 한번 찾아볼까?"

"엄마! '가' 자가 똑같아요."

이렇게 짧은 문장 속에서 같은 글자를 찾아본 후 책을 읽을 때에도 그 날 배운 조사를 찾으면서 읽었다. 책을 읽으며 조사 찾기를 한다면 아이가 읽을 수 있을 정도의 글밥이 적은 책이 좋다. 글밥이 너무 많으면 아이가 읽기가 부담스러워 거부한다. 또 글을 읽느라 그림을 볼 수 없어서 책 읽기에 흥미를 잃을 수 있으니 주의하자. 조사를 배우고 나면 아이가 글을 읽는 것이 훨씬 편안하고 쉬워진다.

13) 그림책 읽기

    동시집으로 읽기 연습을 하고 조사를 익히고 나면 아이와 함께 그림책을 읽을 수 있다.

    앞서 언급했듯이 글밥이 너무 많은 책은 읽기에 부담이 된다. 글밥이 적은 책으로 아이와 함께 소리 내어 읽기를 한다. 처음부터 끝까지 아이 혼자 읽도록 하면 안 된다.

    엄마가 대부분 읽어주되 아이는 아이가 배웠던 글자 위주로 읽게 한다. 또는 엄마 한 줄, 아이 한 줄, 이렇게 나눠서 읽기 연습을 해도 좋다. 다만 아이가 너무 힘들어한다면 엄마가 읽어주고 아이는 배운 글자만 읽도록 하거나 반복되는 어휘들만 읽도록 한다.

    모든 학습에 도움이 되는 것은 책 읽기다. 책 읽기에 흥미를 갖지 못하면 어떤 학습에도 흥미를 갖지 못한다. 엄마와 함께 마주 앉아서 하루 10분이라도 책을 읽거나 책상 앞에 앉아서 스티커북을 활용한 학습을 하거나 그림을 그리거나 하면서 앉아 있는 훈련을 해두자. 아이가 공부로 느끼기 시작하면 엄마와 마주 앉아 있는 것도 힘들어 한다. 공부를 하되 즐겁고 재미있게 할 수 있도록 해야 하다. 어릴 때 습관을 잡아주지 않으면 초등학교 가서도 엄마와 마주 앉아 무엇을 하는 것이 힘들거나 싫어질 수 있다.

내 첫째 아이는 책상에 앉아 있는 것을 공부로 받아들였다. 그리고 엄마가 무엇이든 공부처럼 가르치려고 했다. 그러다 보니 아이는 책상에 앉아있는 것조차 싫어했다. 학습지 선생님이 오시면 책상에 앉아 공부를 하고 혼자서 복습하려고 했다. 엄마와 함께는 힘들어했다. 반면 둘째와 셋째는 색칠 공부를 하거나 스티커를 붙이거나 책을 읽을 때 낮은 공부상에서 하는 습관을 들였다.

"수민아, 엄마랑 스티커 붙이기 놀이하자."

라고 말하면 얼른 책상에 와서 앉았다. 그리고 절대 공부 가르치듯 하지 않았다. 스티커 놀이를 하고 책을 읽어주는 것도 책상에 앉아서 하기도 했다. 둘째와 셋째는 그림책을 좋아했다. 엄마가 읽어주는 것도 좋아했지만, 엄마가 바쁠 때는 태블릿을 활용해 책을 읽도록 했다. 태블릿으로 책을 읽게 하니 아이들은 종이책을 스스로 꺼내서 보았다. 혼자서 글을 다 읽지는 않아도 태블릿이 읽어주는 문장들을 눈으로 보고 그림도 보면서 책을 읽었다.

책을 읽을 때는 어떤 간섭도 하지 않는다. 아이들은 좋아하는 책을 여러 번 보려고 한다. 하지만 엄마들은 다양한 책을 읽히고 싶은 마음에 다른 책을 가져오라고 한다. 아이들이 책을 한 권 다 읽었다고 해서 다 읽은 것이 아니다. 책의 내용을 다 알았다 하더라도 그림을 보면서 또 한 번 읽는 것이다. 아이들이 같은 책을 반복해서 보려고 하는 것은 그림을 보면서 발견하지 못한 것들을 다시 보면서 발견하고 찾기 때문이다. 그러면서 스스로 상상을 하게 되고 자세히 살펴보면서 직접 그림으로 표현하기도 한다. 우리 둘째는 좋아하는 책을 수십 번을 읽고 듣고 하면서 그 책의 내용을 토씨 하나 틀리지 않고 책을 보지 않고 다 말하기도 했다.

어른들도 책을 한 권 다 읽었다고 해서 내용을 다 기억 못 하지 않는가? 아이가 책을 백 번을 꺼내 보더라도 스스로 책을 꺼내서 보는 것에 집중하고 칭찬해주면 된다. 우리 막내는 아침에 눈을 뜨면 책장 앞에 가서 앉는다. 책장 앞에 앉아서 자기가 좋아하는 책을 꺼내서 본다. 그리고 책에서 보았던 내용을 말하기도 하고, 질문을 하기도 한다.

아이들에게 그림책을 읽히는 것은 단지 공부의 기초를 다지기 위해서만이 아니다. 아이의 생활 습관을 잡는 데도 도움을 준다. 우리 막내는 미용실에 가서 머리 자르는 것을 무서워했다. 미용실의 이발기 소리가 싫었던 것이다. 우리 집에 미용실에 관련된 책이 있었다. 나는 미용실 가기 하루 전에 그 책을 읽어주었다. 그리고 그 책의 영상을 태블릿으로 보여주었다. 다음 날 미용실에 가서도 태블릿으로 미용실 관련 책 영상을 보여주며 머리를 깎도록 했다. 미용실 갈 때마다 악을 쓰고 울었던 막내는 조용히 앉아서 머리를 깎았다.

아이들이 치과에 가야 할 때에도 치과에 관련 된 책을 읽어주고 영상을 보여주며 치과가 무섭지 않은 곳임을 인지시켜주었다. 배변 훈련을 할 때도 책으로 시작했다. 이처럼 그림책은 아이들의 일상생활과도 밀접한 관련이 있다.

책을 읽어줄 때는 아이의 연령과 발달을 고려해서 책을 선택해야 한다. 나는 첫째에게는 책을 읽어주지 못했다. 그저 학습지만 시키면 다 되는 줄 알았다. 하지만 둘째와 셋째에게는 책에 신경을 쓰고 관심을 쏟았다. 책과 친해지기를 바랐다. 아이들의 연령과 발달을 고려해서 책들을 골랐다. 생활 습관 영역, 자연 관찰 영역, 지식 그림책, 전래동화, 명작동화, 수학동화, 과학 그림책 등 아이들이 커가면서 단계를 높이고 연령에 맞는 책들을 선정해서 읽어주고 집에 비치해두었다. 처음부터 책을 좋아하는 아이는 없다. 엄마가 아이에게 어떻게 접근을 시켜주느냐에 따라, 엄마가 책을 어떻게 준비해주느냐에 따라, 엄마가 환경을 만들어주느냐에 따라 우리 아이가 책을 싫어하는지 좋아하는지 판가름 난다. 모든 것이 엄마의 노력에 달렸다.

낱자 분리 단계

이제 마지막 단계인 낱자 분리 단계다. 이 단계만 잘 배운다면 한글을 읽고 쓰기에 무리가 없을 것이다. 낱자를 잘 분리해야만 받아쓰기를 했을 때 어렵지 않다.

"엄마, 햇살반 할 때 '햇'은 어떻게 써요?"라고 묻는 다면

"응~ 해 밑에 시옷 받침 쓰면 돼."라고 말해주면 아이가 혼자 쓸 수 있어야 한다. 낱자 분리 단계를 잘 배운 아이는 엄마가 이렇게 말해주어도 쓰기가 어렵지 않다. 이제 얼마남지 않았다. 조금만 힘내서 우리 아이에게 한글을 재미있게 가르쳐보자.

14) 받침 음가 익히기

우리 둘째는 학습 태블릿과 책 읽기로 한글을 떼었다. 혼자서도 책을 다 읽는다. 그래서 받침 음가를 가르쳐주지 않았다. 글자를 다 읽으니 굳이 가르쳐주지 않아도 된다고 생각했다. 그러다 보니 글자를 쓸 때 어려움을 겪었다.

"엄마, '사랑해요' 할 때 '랑'은 어떻게 써야 돼요?"

받침 없는 글자는 쓰지만 받침이 있는 글자는 어려워했다.

"라에다 이응 받침을 쓰면 돼."

아이는 무슨 말인지 이해하지 못했다. 그래서 받침 음가를 가르쳐주었다. 받침 음가를 가르쳐주니 받침 글자를 쓸 때 훨씬 더 편해졌다.

준비물 : 스케치북, 색연필 또는 연필

1. 가장 먼저 배워야 하는 받침은 '기역, 니은, 리을, 미음, 이응' 다섯 가지다.

2. 한꺼번에 5가지 음가를 배우기 어렵다. 일주일은 2가지, 또 일주일은 3가지 이렇게 나눠서 가르쳐줘야 한다.

3. '기역'은 받침으로 소리가 날 때 목에서 탁! 걸리는 느낌이 난다. 이 원리를 가르쳐주면 아이는 '기역' 받침을 쉽게 배울 수 있다.

4. '니은'은 이와 이 사이에 혀가 나오는 느낌으로 입 모양을 보여준다.

5. '리을'은 혀가 돌돌 말리는 느낌을 알게 한다.

6. '미음'은 입술이 꼭꼭 닫히는 입 모양을 보여준다.

7. '이응'은 코에서 나는 듯한 소리의 느낌을 알도록 한다.

8. 가에다 기역하면 '각' 나에다 기역하면 '낙'… 이렇게 스케치북에 쓰면서 리듬감 있게 읽으면서 글자를 써본다.

Tip. 이 과정은 글로 설명하는 것보다 아이들을 어떻게 가르치면 좋은지 영상으로 보여주는 것이 설명이 쉽다. 나는 이 방법으로 아이들에게 받침의 소리를 가르쳤고 5가지 기본 받침 음가를 배우면 받침 있는 글자는 어느 정도 읽게 된다. 입 모양을 보여줄 때 진한 립스틱을 바르고 하면 아이는 입술에 집중하고 아이들도 엄마의 입 모양을 보며 따라 하며 소리를 낸다.

15) 받침 글자 읽기

받침 중에는 같은 소리를 내는 받침들이 있다.

'디귿, 시옷, 지읒, 치읓, 티읕, 히읗'은 모두 한 가지 소리를 낸다. '비읍, 피읖'도 같은 소리를 내고 '기역, 키읔'도 같은 소리를 낸다. 이 원리만 기억한다면 우리 아이 받침 글자는 문제없다. 받침 음가를 배우는 아이는 학습에 대한 인지 능력이 잘 발달되어 있다. 받침 음가는 놀이보다는 아이에게 원리를 설명해주며 직접 써보고 읽으면 쉽게 깨치게 된다.

"정민아, 엄마가 쓰는 글자들을 같이 읽어볼까?" 하며 같은 소리가 나는 받침 글자들을 써본다. (낟, 낫, 낮, 낯, 낱, 낳)

"와~! 글자는 모두 다른데 읽는 소리는 다 똑같네!"

"그럼 우리 같은 소리가 나는 받침 글자 한번 써보자."

이렇게 아이와 상호작용하며 호기심을 자극한다.

1. '디귿, 시옷, 지읒, 치읓, 티읕, 히읗'은 모두 같은 소리를 낸다. 소리 나는 기본 받침은 '시옷'이다.

2. '비읍, 피읖'의 기본 받침은 '비읍'이다. '비읍과 피읖'이 있는 낱말들을 찾아서 써본다. (예: '집앞' 받침이 똑같은 소리를 낸다. '앞접시, 앞치마, 밥 등 두 가지의 받침이 있는 글자들을 쓰고 소리 내어 본다.)

3. '기역, 키읔'의 기본 받침은 '기역'이다. '기역과 키읔'이 있는 낱말들을 찾아서 써본다. (예: '부엌'의 '엌'은 '기역'으로 소리 난다. 악어, 옥상, 부엌 등)

4. 배운 받침들은 낱말을 써보면서 다시 한 번 정리해서 익히도록 한다.

Tip. 아이들이 받침을 배웠다고 해서 글을 술술 읽지 못한다. 더듬더듬 읽어가는 과정이 있을 것이다. 아이가 물어보는 것은 무조건 대답해줘야 한다. 대답하는 과정에서 짜증과 화가 섞인 대답은 아이를 입 닫게 하는 것이다. 나는 우리 아이들이 받침을 물어보면 아이가 생각하고 쓸 수 있도록 반문하며 다시 가르쳐준다.

받침 음가와 받침 글자를 읽으면서 자음에 대해서 한 번 공부해보았다.

앞 단계에서 자음을 공부했더라도 다시 한 번 정리해서 가르쳐줘야 한다.

"정민아, 엄마랑 받침 글자 배웠지? 기억나니?"

"네."

"엄마랑 배웠던 받침 글자들도 이름이 있대. 그 글자들 이름을 '자음'이라고 해. 그리고 그 '자음'도 숫자처럼 순서가 있어. 엄마랑 오늘 자음을 순서대로 써보고 이름을 다시 불러보자."

자음도 각자의 이름이 있다는 것을 다시 가르쳐준다. 받침 음가에서 짚고 넘어갔지만, 제대로 정확히 가르쳐줘야 한다. 이름을 모르면 자음과 모음을 결합에서 글자를 만들어 쓸 때 어려움을 겪는다.

1. 받침 음가를 배웠던 자음부터 이름을 가르친다. (순서가 맞지 않아

도 괜찮다.)

2. 받침 음가의 자음 이름을 한 번씩 알아본 후에 자음을 순서대로 나열한다.

3. 순서대로 나열한 자음을 따라 써본다. (소리 내어 읽으며 쓴다. 아이가 쓰기 힘들다면 엄마가 대신 쓰면서 소리 내어 읽는다.)

4. 순서대로 나열한 자음을 하나씩 읽어보며 어떤 받침 소리가 나는지 말해본다.

Tip. 자음은 총 19개다. 기본 자음 14개, 쌍자음 5개다. 기본 자음의 이름을 완벽히 알게 되면 쌍자음을 가르치면 된다.

"정민아, 무거운 물건을 들 때 한 손으로 드는 게 가벼울까, 두 손으로 드는 게 가벼울까?"

"당연히 두 손으로 드는 게 가볍지요."

"그렇지. 두 손으로 드는 게 힘이 많이 들어가니까 더 가볍지. 우리가 배운 자음도 둘이 힘을 합치면 소리가 쎄게 난대. 'ㄱ+ㅏ=가'라고 소리가 나지. 그런데 'ㄱ'이 힘을 합쳐서 두 개가 되면 'ㄲ+ㅏ=까'라고 소리가 나. 글자들도 힘을 합치면 이렇게 소리가 강해지는 거야."라고 설명해준다. 소리의 강약으로 설명하면서 쌍자음을 가르쳐주면 쉽게 이해할 수 있다.

한글의 모음은 단모음 10개, 이중모음 11개로 되어 있다.

단모음은 '아, 어, 오, 우, 으, 이, 에, 애, 위, 외'

이중모음은 '야, 여, 요, 유, 얘, 예, 와, 워, 왜, 웨, 의'

처음부터 모음을 다 배우지 않아도 된다. 한꺼번에 모두 배우면 어렵다. 먼저 단모음을 배우고 이중모음은 단모음을 완벽히 배운 후에 가르친다.

준비물 : 한글 교구(자, 모음이 모형에 자석이 붙어 있는 교구)

모음은 내가 아이들에게 어떻게 가르쳤는지 아이와의 이야기를 통해 설명하겠다.

"정민아, 우리 지난번에 자음들 배웠었지. 그런데 자음은 혼자서는 글자가 될 수가 없대. 그래서 다른 글자의 도움을 받아야 해. 오늘은 자음과 합체를 해서 소리를 낼 수 있는 글자를 알아볼 거야."

"정민아, '아' 이 글자 읽어볼래? 그래, 잘했어. 그런데 이 글자는 이응이 있어도 '아'라고 소리가 나고 이응이 없어도 '아'라고 소리가 나. 신기하지?"

이렇게 이응이 있고 없고의 차이를 먼저 설명하면 모음을 배우는 데 훨씬 쉽게 받아들인다. 다른 모음도 이와 같은 방법으로 설명한다. '아'를 'ㅏ'로만 가르치면 아이들은 모음을 깨치는 데 오랜 시간이 걸린다. 내가 수업하면서 수많은 아이가 'ㅏ'처럼 '이응'이 빠진 모음을 어려워했고, '이응'을 써주면서 설명하면 쉽게 이해했다.

1. 단모음을 순서대로 나열한다.

2. '이응'을 써서 '아'를 쓰고 손가락으로 '이응'만 가리고 단모음을 보여주며 '아'라고 소리가 남을 알려준다.

3. '이응'이 있고 없고의 차이를 아이들이 느낄 수 있게 하며 단모음 모두 같은 방법으로 가르친다.

4. 한글 교구 같은 구체물로 설명하면 시각적 자극이 되기 때문에 더 효과적이다.

Tip. 집에 자석 칠판이 있다면 자석 칠판을 이용해서 교구를 붙이고 놀면서 모음을 익힌다면 더 효과적이다. 아이들은 무엇이든 직접 만지고 놀면서 배우는 것이 더 빠르다. 나는 자석 칠판을 걸어둘 장소가 마땅치 않아 활용하지 못했다. 만약 집에 자석 칠판이 있다면 보드마카로 아이가 써보는 활동을 하면 금상첨화다.

18) 자음과 모음 결합

　자음과 모음의 이름을 알아보고 소리 나는 원리도 배웠다. 이제 자, 모음을 결합해서 글자를 만들어보는 과정을 배운다. 자음, 모음의 이름은 초등학교에 입학해서 배운다. 자, 모음을 결합해서 글자가 되는 과정도 학교에서 배운다. 학교에서 배운다고 해도 한글을 배우는 과정에서 배워 둔다면 학교에 가서는 배운 내용을 더 탄탄하게 다지는 과정이 될 것이다.

　"정민아, 우리 지난번에 자음, 모음 배웠지? 이제 자음과 모음이 합체를 하면 글자가 만들어져. '기역과 아'가 만나면 어떤 글자가 되는지 정민이가 생각해볼까?"

　이렇게 아이가 먼저 생각해보도록 하고 대답을 하든 못 하든 자세히 설명해준다.

　"정민아, '아'는 '이응'이 있어도 없어도 '아'라고 소리가 난다고 했었지? '이응'은 다른 자음보다 힘이 약한 글자야. 그래서 '이응' 자리에 '기역'이

오면 '이응'이 보이지 않게 돼. 그리고 '기역' 소리가 강해져서 '기역'과 '이'가 만나면 '가'라고 소리가 나는 거야."

모음의 '이응'은 보이든, 보이지 않든 항상 존재하는 글자임을 인지시켜준다. 다른 자음이 앞에 오면 앞에 온 자음의 소리가 강해져서 '가, 나, 다, 라…'라고 소리가 나고 모음은 혼자 있어도 모음 자체의 소리가 나는 것임을 알려준다.

Tip. 자, 모음의 결합에서 모음 '이응'의 원리를 수학에서 적용해서 설명할 수 있다. 두 자리 수를 가르칠 때 아이들은 9에서 10까지는 이해한다. 아이에게 '11'을 써보라고 하면 10과 1을 '101'로 쓰는 경우도 경험을 했다. 이런 경우는 자릿값을 이해하지 못해서다. 숫자 '0'도 '이응'처럼 다른 숫자가 뒤에 올 때 자리는 지키고 있지만, 다른 숫자에 가려져 보이지 않는다는 것을 설명하면 숫자 '11'을 '101'로 쓰는 일은 없을 것이다.

지금까지 한글을 배우는 과정을 살펴보았다.

이 과정을 순서대로 가르쳐야 하는 것은 아니다. 아이의 연령과 발달 상황에 따라 순서는 바뀌어도 상관없다. 다만 아이들을 가르칠 때 좀 더 쉽고 재미있게 가르치는 나만의 노하우를 담아보았다. 내가 알려준 방법이 정답은 아니다. 내가 10여 년 넘게 수많은 아이에게 한글을 가르치고 내 아이들에게 한글을 가르치면서 하나하나 쌓아온 경험과 노하우다. 내가 가르치는 방법들을 글로 표현하는 것은 한계가 있다. 무슨 말인지 이해가 안 될 수도 있다. 곧 유튜브 채널을 개설할 예정이다. 유튜브에서는 이 책에 있는 놀이법과 내가 우리 아이들을 가르쳤던 이야기들을 풀어갈 것이다. 또한 내 도움이 필요한 분이 계시다면 어디든 찾아가 도움을 드릴 것이다. 내가 이 책을 쓰는 이유는 엄마들이 아이들에게 한글을 가르치는 데 어렵지 않고 재미있게 아이들과 놀면서 가르치길 바라는 마음에서다. 나는 아이들을 가르치면서 시행착오를 많이 겪었다. 이 책을 읽는 엄마들은 시행착오를 겪지 않고 시간을 아끼기를 바란다.

5장

엄마표 한글 놀이가
공부하는
아이를 만든다

방문 학습지 안 해도 한글 뗄 수 있다

나는 아들 셋을 키우며 한글을 각자 다른 방식으로 가르쳤다. 셋 중에 막내는 오로지 엄마표 한글로 깨쳤다. 첫째를 키울 때는 한글을 어떻게 가르쳐야 할지 몰라서 학습지의 도움을 받았다. 학습지를 시켜도 엄마의 몫은 중요하다. 학습지 수업 시간은 상담 포함 15분, 일주일에 한 번 이다. 한 달이면 고작 60분이다. 그럼 나머지 시간은 엄마가 채워야 한다. 복습이 중요하다. 어떤 학습이든 복습은 중요하다. 복습은 엄마가 도와 줘야 한다. 아이가 초등학생이고 자기 주도 학습이 잘되는 아이라면 괜 찮지만 그렇지 않으면 엄마가 필요하다.

나는 첫째에게 복습을 해주지 못했다. 아니 안 했다. 학습지만 하면 괜찮을 줄 알았다. 학습지만 해도 한글은 깨친다. 다만 시간이 오래 걸렸고 아이가 제대로 알고 있는지 확인하지 못했다. 둘째는 태블릿으로 복습도 스스로 하게 되었다. 태블릿으로 그날 배운 것을 그림으로 그리고 색칠도 하고 낱말 맞추기도 하면서 자연스럽게 복습을 했다. 책도 한몫했다.

막내는 코로나로 인해 집에 있는 시간이 많았다. 그리고 집에 어떤 누구도 오게 할 수 없었다. 그래서 모두 내가 가르쳤다. 수백 명의 아이를 가르쳐봤으니 어렵지 않았다. 그저 재미있게 놀아주기만 했다. 즐겁고 재미있게 놀면서 배웠다. 놀이를 통해 배우니 빨리 습득하고 효과가 나타났다. 둘째도 함께 어울려 놀면서 둘째 나름의 학습이 진행되었다. 돈 계산법, 영어 단어 공부를 막내와 놀이로 함께했다.

내가 첫째 아이의 한글을 어떻게 가르쳐야 할지 몰랐던 것처럼 보통의 엄마들이 한글을 어떻게 가르쳐야 할지 고민한다. 영어는 엄마표 영어 방법에 대한 책들이 많다. 하지만 한글은 없다. 그래서 내가 이 책을 쓰는 이유다. 방문 학습지를 하지 않아도 엄마가 한글을 가르치는 방법에 대해 알려주기 위해서다. 한글 공부는 방문 학습지에 많이 의지한다. 나도 그랬다. 학습지 교사로 오래 일했지만 아이의 학습 시간은 일주일에 단 15분이다. 학습 시간이 15분인 것은 아이의 집중 시간과 관련 있다. 아이의 집중 시간은 최대 20분을 넘지 못한다. 15분도 채 집중 못 하는 아이들이 많다. 그래서 놀이로 수업을 진행한다. 아이의 집중을 최대한 끌어들이려 도입 동화도 재미있게 읽어주고 스티커도 붙이고 카드 놀이도 하면서 재미있게 수업을 이끌어 나간다.

방문 선생님이 다녀가면 교재의 나머지 부분과 한글 낱말 카드 복습은 엄마가 해줘야 한다.

선생님이 복습 방법과 낱말 카드 활용법을 알려주지만 충실하게 해주는 엄마는 드물다. 정말 열심인 엄마도 있었지만, 절반은 해주지 못했다. 나도 그랬다. 그래서 방문 학습지도 엄마의 몫이 큰 비중을 차지한다. 어차피 학습지도 엄마가 봐줘야 하는 부분이 많다면 차라리 집에서 아이와 놀면서 한글을 가르쳐라.

놀이 방법은 4장에서 다뤘다. 내가 알려준 놀이 방법이 아니어도 아이가 좋아하는 것에 접목시켜 놀아주면 충분히 한글을 배울 수 있다. 나는 네 살에 한글을 다 깨쳤다. 그때는 학습지도 드물었고 엄마가 한글을 제대로 가르쳐주지 못했다. 처음에는 가족 이름부터 배웠다. 엄마가 종이에 아빠 이름부터 가족 이름을 써서 가르쳐줬다. 그리고 기억나는 것은 동화책을 혼자서 읽었다. 책을 읽다가 모르는 한 글자가 있어서 엄마에게 물었던 기억이 난다. 나는 동네에서 한글을 제일 빨리 땐 아이가 되었고 내 친구들에게 글자를 가르쳐주기도 했다. 지금은 환경이 너무 좋아졌다. 엄마가 마음만 먹는다면 얼마든지 좋은 환경에서 아이를 가르칠 수 있다. 좋은 선생님도 많지만 엄마가 좋은 선생님이 될 수 있다. 아이를 보면 그 아이의 부모가 어떤 사람인지 알 수 있다. 그만큼 부모의 역할, 부모의 태도, 부모의 모든 것이 아이에게 배움이 되고 모델이 된다.

코로나로 인해서 학교도 못 가고 집에서 공부하는 시간이 많아졌다. 우리 아이들도 어린이집에 못 가고 집에서 많은 시간을 보냈다. 둘째는 학교 갈 준비를 해야 해서 국어와 수학을 집에서 가르쳤다. 막내도 집에서 가르쳤다. 또 학교를 다니지 않고 홈스쿨링을 하는 아이들도 늘어난다. 홈스쿨링을 할 경우에는 시간을 정해서 학교에서 배우는 과정을 집에서 공부한다. 엄마가 가르치는 것이다. 얼마 전 〈금쪽같은 내 새끼〉 프로그램에서 홈스쿨링에 대한 내용을 다뤘다. 홈스쿨링을 완벽하게 해내는 엄마와 홈스쿨링을 고민하는 부모가 출연했다. 홈스쿨링을 하는 엄마는 아침부터 시간을 정해서 아이들을 가르친다.

아이가 셋이다 보니 한 아이에게 온전히 집중을 할 수는 없었다. 그런데도 아이들은 자기 주도적으로 공부를 했고 모르는 것은 엄마에게 물어보면서 공부했다. 이 집은 엄마가 영어를 잘하기에 영어는 엄마가 완벽하게 가르쳤다. 하지만 수학은 엄마가 가르치지 못해 학습 태블릿을 활용했다. 학습 태블릿은 동영상 강의가 나오고 모르는 부분을 반복해서 들을 수 있기 때문에 집에서 선생님 없이 충분히 학습이 가능하다. 우리 둘째가 태블릿으로 한글을 깨친 것도 같은 이치다.

홈스쿨링을 고민하는 부모는 현 공교육에 대한 고민을 털어놨다. 획일적인 교육 방법이 아이에게 적합한지를 고민했다. 아이를 창의적이고 주도적으로 키우고 싶은 마음이었다. 그리고 그 아이는 책을 좋아하고 많이 읽었다. 영어는 미디어를 활용해서 배우고 있었지만 미디어 노출 시간이 너무 길었다는 지적도 있었다.

아이들을 가르칠 수 있는 방법은 정말 많다. 내 아이에게 맞는 방법을 찾으면 된다. 방문 학습을 원한다면 해도 괜찮다. 아이가 선생님 오는 시간을 기다리기도 한다. 내가 학습지 교사를 할 때도 나와의 수업보다 나를 기다리는 아이들이 많았다. 아이들은 선생님이 오로지 자기만을 바라보고 자기만을 위해 놀아주는 시간을 원한다. 그래서 선생님을 집으로 모신다. 엄마와 애착 형성이 잘 이루어진 아이는 엄마가 가르쳐도 좋다. 또 낯가림이 심한 아이도 엄마가 가르치는 것이 좋다. 아이의 성향에 맞게 방법을 찾아라.

내 아이를 방문 학습 없이 한글을 가르치려면 엄마가 먼저 계획을 세우고 준비해야 한다.

아무런 준비 없이 무작정 시작하면 난관에 부딪힌다. 방문 학습을 고민하는 아이의 연령은 보통 만 3세, 우리나라 나이 5세가 되면 학습지를 고려한다. 5세가 되면 웬만한 의사소통과 언어 구사 능력이 발달되어 있다. 5세의 아이들은 통 문자부터 시작해도 좋다. 4장에서 다뤄준 놀이법으로 충분히 놀면서 한글을 가르칠 수 있다. 놀이법과 한글 배움의 단계를 충분히 준비한다면 방문 학습지를 하지 않아도 엄마가 한글을 가르칠 수 있다.

한글은 우리나라 말이다. 영어도 집에서 쉽게 가르치는 세상인데 왜 한글은 못 하는가.

방법과 원리만 알면 엄마는 아이에게 최고의 가르침을 줄 수 있다.

한글은 언어다. 언어는 배우는 쪽이 아니라 익히는 쪽이다. 배우는 건 단시간에 억지로 배우기도 가능하지만, 배운 것을 익히기 위해서는 시간과 노력이 필요하다. 또 엄마의 확신이 있어야 한다. 엄마의 확신이 없다면 엄마가 아이를 가르치는 일은 어려움이 따른다. 엄마가 확신을 가짐으로써 아이도 엄마를 믿고 배움에 자신을 갖는다.

아이를 가르친다는 개념보다 놀아준다고 생각하라. 가르친다고 생각하면 엄마도 부담이 된다. 누구를 가르쳐본 경험이 없다면 더 그럴 것이다. 아이와 어떻게 놀아줄 것인지 고민하라. 아이에게 어떤 책을 읽어줄 것인지 고민하라. 아이는 엄마와의 놀이를 즐거워하고 좋아한다. 엄마가 책 읽어주는 것을 기다린다. 잠자리에서 책 읽어주는 것부터 시작하라. 엄마와 함께하는 모든 것을 아이가 즐거워하고 기뻐해야 한다.

엄마가 아이를 잘 가르친다는 것은 멋진 기술이 필요하지 않다. 내 아이를 쉽고 재미있게 가르치면 흥미를 느낀다. 무엇을 하든지 아이가 흥미를 가져야 한다. 내 아이를 가장 쉽고 재미있게 가르치는 게 가장 잘 가르치는 것이다. 어떻게 하면 내 아이가 쉽고 재밌어 할지 고민하라. 내 아이가 어떤 것을 가장 좋아하고 흥미 있어 하는지 관찰하라. 내 아이의 모든 것을 관찰하고 살피다 보면 놀이도 학습도 아이에게 맞춤으로 해줄 수 있다.

방문 학습지 선생님도 훌륭하게 내 아이를 가르칠 수 있다. 엄마는 선생님보다 더 잘 가르칠 수 있다. 내 아이를 누구보다 가장 잘 아는 사람은 엄마이기 때문이다. 재미있는 놀이로 아이와 함께 놀아주며 재밌게 한글을 가르쳐보자.

아이는 저마다의 속도로 다르게 배운다

우리 막내는 쌍둥이였다. 임신했는데 아기집이 두 개가 보였다. 이란성 쌍둥이였다. 두 아기는 배 속에서부터 자라는 속도가 달랐다. 한 아이는 정상적으로 잘 자랐고, 한 아이는 자라지 못하고 결국 그대로 엄마와 이별했다. 가끔은 하늘나라로 떠난 그 아이가 생각난다. 이 세상에 태어났다면, 아들이었을까, 딸이었을까, 지금의 막내 아이와는 생김새가 어떻게 달랐을까. '딸이 아쉬운 엄마에게 딸로 와주었다면…' 하는 아쉬움이 남는다. 함께 엄마에게 찾아왔던 아이들인데 왜 한 아이만 자라지 못하고 엄마 곁을 떠났는지 알 수가 없다.

내가 쌍둥이를 임신했었기에 유독 쌍둥이 아이들이 눈에 많이 띄었다. 같은 날 같은 시간에 태어났어도 신기하게 아이들의 성장 속도는 다 다르다. 쌍둥이라고 모든 것이 똑같지는 않다. 생김새도 약간의 차이가 있고 성격도 완전히 다르고 식성도 다르고 취향도 다르다. 내가 가르쳤던 아이들 중에도 쌍둥이가 있었다. 쌍둥이를 키우는 엄마도 아이들의 다름을 인정하지 못하고 똑같은 교재로 함께 수업하기를 원했다. 나는 쌍둥이 엄마에게 아이들의 다름을 설명하고 따로 수업해야 하며 아이에 맞게 각자 다른 진도로 수업해야 함을 강조했다. 그 쌍둥이 아이들은 내가 제안한 대로 수업을 받았다.

학습지 교사를 하면서 다양한 아이를 만났다. 그 중에는 친한 엄마들끼리 같이 학습지를 시키는 경우도 있다. 어린이집을 같이 다니거나 학교를 같이 다니면서 엄마들끼리 친한 경우에는 공부도 같이 시킨다. 아이들은 같은 해에 태어나도 개월 수에 따라 발달 속도가 다 다르다. 또 남자아이와 여자아이의 성별 차이도 있다. 남자와 여자는 두뇌 자체가 다르기 때문에 발달 속도도 다르고 발달의 방향도 다르다. 엄마들은 이러한 특성을 생각하지 못하는 경우가 많다.

옆집 철수가 수학 100점을 맞았다고 하면, 우리 아이는 왜 100점을 못 받았는지에만 관심이 있다. 옆집 아이와 우리 아이가 다르다는 것을 인지하지 못한다. 옆집 아이는 철수이고 우리 아이는 영희인데 말이다. 우리 아이가 100점을 맞지 못했다면 왜 그랬는지 원인을 알아야 한다. 아이가 문제를 실수로 틀렸는지, 정말 몰라서 틀렸는지 알아야 한다. 같은 수학 문제를 풀더라도 아이마다 이해하는 속도와 수준이 다른 것이다. 이러한 차이를 이해하지 못하고 인정하지 않는다면 내 아이만 힘들어진다.

내 아이를 가르치기에 앞서 내 아이가 학습을 어디까지 받아들일 수 있고 어떤 부분을 잘하고 어려워하는지 엄마가 알아야 한다. 엄마가 내 아이의 상황을 모른다면 잘하는 옆집 아이만 보고 엄마 속만 터진다. 나는 이런 엄마들에게 항상 말한다.

"어머니, 옆집 철수는 철수이고 영희는 영희이고. 영희는 수학보다 영어를 잘하는데 왜 옆집 철수와 비교하세요. 우리 영희가 잘하는 부분은 칭찬해 주시고 부족한 부분은 배우면 됩니다. 어머니도 학창 시절에 잘하는 과목도 있고 어려워하는 과목 있지 않으셨어요?"

이렇게 말하면 엄마들은 멋쩍은 듯이 웃는다.

나는 아들 셋을 모두 다른 방법으로 한글을 가르쳤다고 했다.

그 이유는 첫째에게는 시행착오를 거쳤고, 둘째는 30개월부터 한글을 배워도 괜찮았지만, 막내는 좀 더 천천히 가르쳤다. 같은 개월 수라도 두 아이는 발달의 차이도 있었고 둘째와 막내의 차이도 있었다. 막내는 '그저 건강하게만 자라다오.' 이런 마음이었다. 그래서 공부를 일찍 가르치려는 마음이 들지 않았다. 같은 배 속에서 태어나도 아이는 제각각 다름을 알아야 한다. 엄마들은 가끔 이런 하소연을 한다. "한 배 속에서 나왔는데 어쩜 이렇게 다를까." 같은 배 속에서 태어나도 다른 것이 당연한 것이다.

나는 엄마가 되면 아이의 발달에 대해 알아야 한다고 생각한다.

엄마가 아이의 발달에 대해 모르면 아이를 키우면서 시행착오를 많이 겪는다. 내가 아는 지인은 아이들이 이유식 단계를 거치지 않았다고 한다. 막내 아이가 두 돌이 지났는데도 음식을 씹지 않고 그냥 삼킨다. 나는 아이가 이유식을 했는지 물었다. 엄마는 아이들에게 이유식을 해준 적이 한 번도 없다고 한다. 난 너무 당황스러웠다. 엄마가 아이들의 발달을 전혀 이해하지 못하고 있었다. 지금도 그렇다. 아이들은 자라면서 물을 쏟기도 하고 밥을 흘리면서 먹는다. 이것은 당연한 현상이다. 이것을 이해하지 못하면 아이의 사소한 실수에도 엄마는 화가 난다. 엄마의 일이 늘어나니 짜증도 난다. 아이를 잘 키우기 위해서는 기본적으로 발달에 대해 공부해야 한다.

나는 북 큐레이터를 하면서 엄마들에게 아이에게 맞는 책을 추천해주었다. 책을 추천하기 전 아이에게 독서 진단을 한다. 독서 진단의 결과에 따라 맞춤 도서를 추천해준다. 아이의 연령과 발달에 따라 책의 단계가 달라진다. 하지만 같은 연령이라 하더라도 독서 진단의 결과가 낮다면 연령 보다 쉬운 책을, 결과가 높다면 연령보다 높은 책을 추천한다. 이런 과정이 있어야 아이에게 맞는 책을 선택할 수 있고 아이가 책을 재미있게 읽을 수 있게 된다. 또 책의 내용을 잘 이해할 수 있다. 아이의 결과에 상관없이 엄마가 책을 골라서 아이에게 읽힌다면 어려움이 따른다. 책이 어려워서 집중을 못 하거나 너무 쉬워서 읽지 않는 일이 생긴다. 전문가는 이러한 상황을 피하게 하고자 도움을 주는 것이다.

학습지 교사를 할 때도 그랬다. 아이들 연산 수업 진도를 정할 때, 진단 테스트를 하고 아이의 난이도에 맞게 진도를 잡아서 수업했다. 연산은 보통 아이가 할 수 있는 수준보다 조금 낮은 단계로 시작한다. 아이가 쉽게 풀 수 있는 단계부터 시작해야 아이가 자신감 있게 할 수 있다. 아이가 잘한다고 선행을 하거나 진도를 높게 잡는다면 아이는 어려워서 흥미를 잃거나 하기 싫어하는 부작용이 생긴다.

아이들은 태어나서 일정한 개월 수가 되면 영유아 검진을 한다. 검진을 하면서 아이가 또래 집단에서 평균적으로 잘 발달하고 있는지 점검한다. 검진의 수치는 평균을 매기는 것이므로 꼭 평균대로 자라지 않아도 큰 지장은 없다. 우리 막내는 머리둘레가 또래보다 크다. 항상 검진 때마다 의사 선생님으로부터 큰 병원 가서 검사받아 보기를 권유 받았다. 하지만 우리 막내는 건강하게 잘 자라고 있다. 머리가 큰 것은 사실이지만 성장하는 데 큰 문제는 없다. 우리 아이가 평균에 미치지 못한다 해도 걱정하지 않아도 된다. 아이들은 모두 다르게 성장한다. 때가 되면 키도 큰다. 또 사춘기도 온다. 아이들의 성장은 모두 개인차가 크다.

아이들이 자라는 데 개인차가 있다. 성장만 개인차가 있는 것은 아니다. 학습에도 분명 개인차가 있다. 아이들이 모두 똑같이 자라고 똑같이 공부를 잘한다면 1등도 없고, 꼴찌도 없다. 성적에 우열이 있는 것은 이러한 개인차가 있기 때문이다. 나는 우리 아이들을 학원에 보내지 않을 생각이다. 만약 성적이 뒤처진다면 학원이 아닌 다른 방법을 찾을 것이다. 학원이 싫어서도 아니고 나빠서도 아니다. 학원은 여러 아이가 한꺼번에 같은 공간에서 같은 내용의 수업을 듣는다. 이 수업을 내 아이가 잘 따라갈 수도 있고, 못 따라갈 수도 있다. 수업을 잘 따라가고 성적이 오른다면 얼마나 좋겠는가. 하지만 그러한 보장은 없다. 나는 내 아이들을 내가 가르쳤다. 아직 충분히 엄마가 가르쳐도 문제가 없다. 하지만 고학년이 되면 엄마인 나도 공부해야 한다. 엄마가 공부하고 아이를 가르쳐야 내 아이에게 좀 더 잘 가르쳐줄 수 있다.

학습지 교사를 하면서도 매일 밤 교재 공부를 했다. 교사가 교재를 모르면 아이들을 제대로 가르칠 수 없다. 엄마도 교사와 똑같다. 아이에게 학습을 가르치기 전에 미리 공부를 하고 준비해야 한다.

엄마는 내 아이가 공부 잘하기를 바란다.

그러면서 내 아이와 다른 아이를 비교한다. 철수는 철수일 뿐 영희가 될 수 없다. 옆집 아이의 성적에 내 아이를 비교하지 마라. 내 아이는 분명 다른 것을 잘한다. 잘하는 것에 집중해라. 잘하는 것을 격려하고 응원해라. 아이의 키가 모두 다르게 자라듯이 배우는 속도도 다르다. 같은 내용을 배워도 다르게 받아들인다. 다름을 인정해줘야 한다. 쌍둥이도 저마다 성격도 다르고 성장도 다르다. 사랑스런 내 아이를 그 어느 누구와도 비교하지 마라. 비교는 내 아이를 망치는 최고의 지름길이다.

내 아이를 가르칠 때 절대 화내지 마라

"민호야, 너 이거 배운 거잖아. 그새 잊어버렸어? 몰라? 대답 좀 해봐!"

배운 내용에 대해 대답 못 하는 첫째를 다그친다. 모르면 모른다 말이라도 해주면 속이 시원하겠다. 아이는 묵묵부답이다. 말을 안 하니 슬슬 화가 난다. 배운 것을 모른다는 생각에 화가 나고 대답을 안 하니 또 화가 난다. 첫째는 엄마와 공부하는 것을 싫어한다. 엄마가 화를 내니 함께 하기 싫은 것이다. 첫째와 둘째는 열세 살 터울이다. 첫째에게 해주지 못한 것들을 늦둥이 연년생에게 해주고 있다.

첫째에게 미안하지만 둘째와 막내에게는 공부하면서 화낸 적이 없다. 내가 아이들에게 화를 냈을 때 어떤 부작용이 나타나는지 알았기 때문이다. 모르면 다시 가르쳐주고 알 때까지 가르쳐주었다. 엄마가 화를 내지 않으니 우리 늦둥이들은 엄마에게 수없이 많은 질문들을 한다. 꼬리에 꼬리를 무는 질문들이다. "엄마, 왜 용은 상상의 동물이에요?", "화산은 왜 없어요?", "화산이 있으면 어떻게 돼요?" 이런 질문들로 엄마를 당황하게 하기도 한다. 그저께는 갑자기 둘째가 "엄마! 군만두가 영어로 뭔지 알아요?"라고 물었다. 그 물음에 우리 막내는 "군만두는 영어로 서비스지! 아저씨가 '서비스 군만두 나왔습니다.' 하잖아."라며 대답한다. 아이들 이야기에 나는 너무 웃겨서 한참을 웃었다. 막내의 재치 있는 대답이 귀여웠다. 이 이야기를 어린이집 선생님들에게도 해주었더니 선생님들도 재미있다고 웃으셨다. 엄마가 아이들 질문에 끊임없이 대답해주고 화를 내지 않으면 아이들은 이렇게 다양한 질문을 하며 궁금한 것들을 해소한다.

나는 첫째와의 학습에 어려움을 겪었다. 때문에 학습지 선생님을 오시게 했다. 학습지 선생님이 오셔도 엄마 몫까지 해주지 않는다. 선생님과의 수업은 15분 남짓이다. 나머지는 엄마와의 복습이다. 복습이 되지 않으면 아이의 학습 속도는 느릴 수밖에 없다. 아니면 수업 시간을 추가해서 교재 밀리는 것을 포기하고 선생님께 한 단원이라도 제대로 가르쳐달라, 복습을 부탁드려야 한다. 하지만 요즘은 대부분 인터넷 강의와 태블릿 학습이 아주 잘되어 있다. 엄마가 아이를 붙들고 앉아서 아이에게 가르쳐주지 않아도 된다. 얼마나 편한 세상인가. 다만 아이가 자기 주도적으로 할 수 있도록 도와주어야 한다.

자기 주도 학습을 할 수 있도록 하는 것도 연습이 필요하다. 어릴 때부터 연습이 되어야 한다. 이 말은 아이가 혼자 앉아서 공부하도록 하라는 말이 아니다. 공부가 즐겁고 재미있는 것이라 느끼게 해주어야 한다. 나는 우리 늦둥이들에게 재미있게 놀아주면서 공부를 가르쳤다. 한글도 가르치고 수학도 가르쳤다. 또 책을 읽을 수 있도록 환경도 만들어주었다. 아이들은 엄마와 공부하거나 책 읽는 것을 거부하지 않는다. 책을 읽어달라 가져온다. 아침에 일어나면 책장 앞에 앉아서 스스로 책을 읽는다. 어린이집 가기 전에 책을 읽는다. 거실에 텔레비전 대신 책장을 놓았다. 텔레비전이 보고 싶으면 안방으로 가서 보는 데 오랜 시간 보지 않는다. 아이들이 알아서 텔레비전 보는 시간을 조정하니 나는 크게 터치하지 않는다. 텔레비전을 보다가 둘이서 놀이도 한다. 블록을 만들면 창의적으로 점점 확장이 된다. 버스를 직사각형으로 만들다가 한참 지나면 사이드미러도 추가된다. 또 헤드라이트도 추가된다. 출입문도 만든다. 앞문과 뒷문도 만든다. 이렇게 점점 디테일한 버스의 모양이 갖춰진다. 꼭 공부만이 자기 주도가 필요한 것은 아니다. 아이들은 놀이를 통해서 배운다. 아이가 잘 놀 수 있도록 만들어주는 것도 중요하다. 아이가 재미있게 놀면서 배운다면 화낼 일이 없지 않은가.

『엄마표 영어, 놀이가 답이다』의 저자 이규도는 카페에서 우연히 몇몇 엄마들의 수다를 듣게 되었다고 한다. 한 엄마는 아이가 24개월이 되었을 때, 남들도 다 그맘때 한글을 배우기 시작한다고 하니 왠지 그래야 할 것 같아 꽤 비싼 한글 교구를 사다줬다고 한다. 직장에 다니는 엄마가 아이를 돌볼 시간이 없어서 결국 아이는 한글 교구를 물고 빨고 망가뜨리기만 하다가 유치원에 들어갔다. 한글을 깨치지 못한 채로 말이다. 얼마 후, 유치원에 가서 선생님과 상담을 하는데 "아이가 한글을 저절로 깨쳤다."는 선생님의 말을 듣고 '괜히 일찍부터 비싼 돈 버리고 아이를 괴롭혔다'고 생각했다. 저자는 하마터면 그 테이블에 가서 그게 아니라고 외칠 뻔했다고 한다. 선생님의 눈에는 아이가 저절로 한글을 깨친 것처럼 보이지만, 사실은 그렇지 않다고 한다. 이규도는 말한다. "세상에 아무리 언어 천재로 태어났다 해도 언어를 저절로 깨치는 경우는 없다." 이 사례의 아이는 엄마가 사다 준 교구를 아이가 가지고 놀면서 조작을 해봤기 때문에 유치원에 가서 그토록 쉽게 한글을 깨칠 수 있었을 것이다.

아이는 놀이를 통해서 배운다. 오늘 나는 앞집 아이를 만나게 되었다. 앞집 아이는 우리 막내와 동갑인 7세이다. 동생들이 많다 보니 이 아이는 엄마와 제대로 공부할 수 있는 환경이 아니다. 이 아이도 온전히 엄마로부터 집중적인 사랑과 학습적인 돌봄을 받아야 하는데 그렇지 못하다. 이 아이는 엄청난 개구쟁이다. 조용히 걷는 법이 없고 항상 뛰어다닌다. 내가 낱말 카드로 테스트를 해보는데도 가만있지 못하고 겅중겅중 뛰면서 테스트를 받는다. 아이는 배움에 목말라 있었다. 내가 낱말 카드를 보여주며 테스트해주는 것을 매우 즐거워하며 적극적으로 했다.

이 아이 엄마는 평소에 아이들에게 화를 잘 낸다. 아이들의 발달 특징을 이해하지 못하니 아이들의 모든 행동이 이해가 안 되고 엄마의 시선에서는 아이들이 말썽을 부리는 것처럼 보이는 것이다. 그러니 매일 아이들에게 소리를 지르고 야단을 친다. 나는 조금만 가르치면 이 아이가 한글을 빨리 뗄 것 같은 느낌을 받았다. 나는 이 엄마에게 일정의 수업료를 받고 아이를 가르치기로 했다. 엄마는 수업료를 내더라도 나에게 고마워했다. 연년생 아들만 셋을 돌봐야 하니 여간 힘든 것이 아니라서, 내가 첫째 아이를 가르치는 동안만이라도 쉴 수 있으니 말이다.

지난 5월, 나는 앞집 막내 아기를 안다가 허리를 다쳤다. 움직이지도 못할 만큼 많이 아팠다. 이틀은 누워서 생활해야 했다. 병원에서 치료받고 약 먹고 한의원 가서 침 맞고 물리치료 받으니 이제 거동은 가능해졌다. 내 몸이 아프니 사소한 것에도 짜증이 난다. 병원에서 살림도 하지 말라고 한다. 내 몸 상태가 이러니 아이들이 어지르거나 정리를 하지 않으면 화가 났다. 내 말투에도 짜증이 섞이고 화를 내기도 했다. 엄마가 예민해진 것을 아이들도 느낀다. 우리 둘째는 예민한 아이다. 엄마가 평소보다 화를 잘 내는 것을 느끼고 있다. 둘째는 엄마의 예민함을 살피다가 본인도 마음이 상했는지 "엄마는 맨날 화만 내고… 엄마가 화내니까 엄마 말 듣기 싫어요." 하면서 토라졌다. 둘째의 이 말에 나 스스로를 돌아보게 되었다. 사실 많이 아프다. 그러나 아프게 된 것도 내 실수다. 내가 조심하지 않아서 이렇게 된 것을 아이들에게 화를 낸 것이다.

아이들은 엄마가 왜 화를 내는지 모르는 경우가 많다. 우리 앞집 엄마도 매일 아이들에게 화를 내는데 아이들은 그 이유를 모른다. 그저 간식을 먹은 것뿐인데, 놀이를 한 것뿐인데 엄마가 화를 내는 것이다. 아이들의 시선은 이렇다. 하지만 엄마는 아이가 간식을 먹다가 음료를 쏟고, 놀다가 장난감을 다 쏟아내니 화가 난다. 엄마와 아이의 시선이 다르니 아이는 엄마가 화내는 이유를 모르고 속상해하고 울고, 엄마는 아이를 있는 그대로 봐주지 않고 엄마의 기준에 맞춰서 대하니 아이들의 행동 하나하나에 화가 나는 것이다. 아이를 가르치는 일도 그렇다. 아이들은 아무것도 모른다. 모르기 때문에 가르치는 것이다. 아무것도 모르는 아이들에게 "왜 이것도 몰라!" 하면서 화를 내는 것은 옳지 않다. 어른도 한번 배웠다고 다 알지 못한다. 하물며 아이들은 어떠한가. 아이들도 마찬가지인 것이다.

엄마가 화내서 말을 듣기 싫다고 했던 우리 둘째처럼, 엄마가 아이를 가르치다가 화를 낸다면 아이는 엄마와의 공부를 거부하게 된다. 나는 친한 엄마들에게 말한다. "모르면 다시 가르쳐줘. 알 때까지 계속 가르쳐줘." 그러면 엄마들은 "속 터져서 그게 잘 안 돼."라고 대답한다. 아이들을 가르치다 보면 답답하기도 할 것이다. 그러나 또 아이들이 배운 것을 잘 기억하고 있으면 얼마나 뿌듯한가.

나는 가끔 남편과 의견이 맞지 않을 때가 있다. 의견 충돌이 생기다 남편은 나에게 화를 낼 때가 있다. 나는 남편이 화를 내면 말을 안 한다. 화내는 사람에게 말하기 싫은 것이다. 부부 사이여도 상대방이 화를 낼 때는 말하기 싫다. 아이들은 더 그렇다. 화내는 엄마가 무섭기도 할 것이고 말하기가 어려울 수도 있다. 아이들에게 화내기보다 칭찬으로 동기 부여를 해라. 공부할 때만 칭찬하는 것이 아니라 일상생활에서도 칭찬은 중요하다. '칭찬은 고래도 춤추게 한다'고 했다. 칭찬은 아이들을 춤추게 할 것이다. 무엇이든 열심히 하게 할 것이다. 아이들을 공부하게 할 것이다.

오늘 하루 10분을 내일로 미루지 마라

오늘은 어깨도 아프고 허리도 아프다. 집안일은 산더미인데 몸이 아프니 하기가 힘들다. 엄마들은 몸이 아파도 쌓여 있는 집안일을 보면 쉴 수가 없다. 집안일을 하루라도 미루면 내일이 더 힘들다. 밀린 빨래에 쌓여 있는 설거지…. 보기만 해도 한숨만 나온다.

어린이집 교사 시절, 우리 막내는 4개월이었다. 아이들이 어려서 손이 많이 갔다. 퇴근하고 청소하고 밥하고 빨래하고 아이들 재우고 나면 나도 몸이 힘들어 잠이 들어버린다. 그러다 보면 전날 써야 할 보육일지가 밀린다. 하루하루 밀려가는 일지를 보면 손댈 엄두가 나질 않는다. 일지를 밀리지 않으려고 남편의 도움을 받는다. 그래도 아이들은 엄마를 찾기 때문에 쉽지 않다. 집안일도 직장 일도 하루하루 밀리기 시작하면 해야 할 일들이 눈덩이처럼 불어난다. 일이 밀리면 더 하기 싫어진다. 능률도 오르지 않는다.

나는 학습지 교사를 하면서 매주 방문하는 아이의 숙제를 점검한다. 엄마가 바빠서 숙제를 봐주지 않으면 교재가 밀린다. 교재가 밀리면 진도를 나갈 수가 없다. 한 단원을 제대로 배우지 않고 진도만 나가는 것은 의미가 없다. 나는 엄마에게 말한다. "어머니, 숙제가 되지 않아서 진도는 못 나갈 것 같아요. 저랑 남은 교재 다 풀고 진도는 다음 주에 나가도 괜찮을까요?"라고 묻는다. 엄마의 동의를 얻으면 남은 교재를 다 풀고 한 주 진도를 미룬다. 학습의 커리큘럼에 맞게 단계를 밟아 나가며 공부해야 하기 때문이다. 이번 주 학습이 제대로 이루어지지 않으면 진도 나가는 것은 무의미하다.

하지만 진도 나가기를 원하는 엄마들도 있다.

"어머니, 이번 단원이 마무리가 되지 않았는데 진도 나가는 것은 아무런 효과가 없습니다."

"선생님, 남은 교재는 제가 꼭 시킬 테니 그냥 진도 나가주세요."

"네, 어머니 그럼 제가 다음 주에 교재 점검 다시 하겠습니다. 교재 밀리시면 절대 안 돼요. 그러면 진도 나간다 해도 아이가 따라가기 어렵습니다. 그러니 꼭 해주셔야 해요."

하고 약속을 받아놓는다. 이렇게 약속하면 대부분의 엄마는 교재를 풀고 점검을 받는다. 몇몇의 엄마들은 교재에 아예 손도 못 댄 엄마들도 있다. 이런 엄마들은 나와 약속은 하지만 이렇게 교재 밀리는 것이 쌓이면 엄마도 스트레스다. 교재가 밀리니 엄마는 돈이 아깝다는 생각에 학습을 그만둔다. 학습을 그만두면 아이만 손해다. 엄마가 집에서 잘 봐주면 괜찮지만, 이렇게 그만둔 아이는 엄마가 집에서 잘 봐주지 못하는 경우가 많다.

나는 첫째와 함께 학습하기가 어려웠다. 아이가 모르면 답답한 마음에 아이를 다그쳤다. 내가 아이와 복습을 못 하니 학습지 선생님께 복습까지 다 부탁드렸다. 진도는 단계적으로 꼭 나가도록 했다. 진도를 건너뛰는 일은 없도록 했다. 다만 아이의 속도에 맞춰서 진행했다. 우리 첫째는 선행 학습은 하지 않았다. 지금 학습하는 진도에 충실하도록 했다.

첫째와의 시행착오로 우리 늦둥이들은 학습에 좀 더 신경을 쓰고 있다. 매일 잠자리에서 책을 읽어주지 못하면 들려주기라도 했다. 아이들은 책을 들으면서 잠이 든다. 좋아하는 책은 반복적으로 듣는다.

우리 집에 책 100권 읽기 스티커 판을 붙여놓았다. 아이들이 매일 한 권씩이라도 책을 읽기를 바라고, 스티커를 붙이면서 책 읽기에 동기 부여를 받을 수 있다. 아이들은 스티커 붙이는 재미에 책을 읽는다. 특별한 일이 있어 책을 하루 못 읽으면 그다음 날 더 읽도록 하는데 읽어주는 엄마는 힘들다. 아이와 책을 읽는 시간은 길지 않다. 동화책 한 권 읽는 시간은 길어야 20분이다. 우리 아이들이 읽는 책들은 이제 제법 글밥이 있다. 책 읽기를 밀리면 책 읽는 시간도 길어지고 잠자는 시간도 늦어진다. 아이들 자는 시간은 꼭 지켜야 하기에 밀린 책을 읽지 못하는 일도 있다.

요즘 초등학교는 방학 숙제가 거의 없다.

우리 어린 시절에는 방학 때마다 숙제가 있었다. 일기 쓰기, 탐구생활, 과목별 숙제가 있었다. 방학 동안 친척 집도 놀러 가고 가족끼리 여행도 간다. 이렇게 실컷 놀다가 개학을 일주일 앞두고 밀린 숙제를 시작한다. 가장 힘든 숙제는 일기다. 날짜와 날씨를 쓰고 그날 있었던 일을 써야 하는데 생각이 나지 않는다. 그때는 지금처럼 인터넷이 발달되지 않아서 인터넷 검색도 되지 않았다. 날씨는 친구 것을 보고 쓰기도 한다. 일기 내용은 보고 쓸 수 없다. 뭐라고 써야 할지 머리 싸매고 고민한다. 밀린 숙제를 하느라 잠도 못 자고 발을 동동 구르기도 한다. 이렇듯 한 번쯤은 방학 숙제를 밀린 경험은 있을 것이다. 밀린 숙제를 하는 아이를 보는 엄마는 잔소리 폭탄을 쏟아낸다. "그러게, 숙제를 미리 했어야지!" 하며 말이다.

코로나가 확산세를 보이던 시점에 나는 우리 늦둥이들과 매일 놀이를 했다. 한글 카드로 다양하게 놀았다. 아이들과 했던 놀이는 4장에 있다. 아이들과 놀면서 공부한다. 놀다 보면 10분은 훌쩍 넘는다. 그래도 긴 시간은 놀지 못한다. 한 가지 놀이를 오래하면 지루해한다. 시간은 짧아도 아이에게 가르쳐줄 것은 다 가르쳐준다. 오후에 놀이를 하고 나면 저녁에는 카드로 복습 명목으로 카드를 한 번씩 읽는다. 그냥 읽는 것이 아니라 스피드 게임을 하며 읽으면 또 10분은 금세 지나간다.

아이에게 공부를 가르쳐야 한다는 강박관념을 갖지 마라. 엄마가 그런 마음을 갖고 있으면 아이를 다그치게 된다. 아이들은 엄마가 다그치면 하고 싶지 않다. 그럼 아이는 공부와 멀어진다. 그냥 아이와 놀아준다 생각하면 엄마도 마음이 편하다. 하루 10분은 정말 짧은 시간이다. 24시간 중 단 10분이다. 이 시간도 놀아주지 못하는 것은 아닐 것이다.

아이는 엄마와 하루 종일 시간 보내기를 원하는 것이 아니다. 단 10분이라도 충분히, 아이가 만족하도록 놀아주면 된다.

아침에 아이들을 등교, 등원시키고 나면 잠깐 커피타임을 가진다. 조용히 커피를 마시며 오늘 하루를 계획한다. 살림이야 매일 하는 일이니 특별히 계획할 것이 없다. 아이들과 저녁에 어떤 공부를 할지 무엇을 하고 놀아줄지 생각한다. 아니면 일주일 계획을 세워둔다.

나는 저녁을 먹고 설거지하고 나면 아이들 씻기고 재울 준비를 한다.

내가 설거지를 하는 동안 아이들이 책을 보도록 하거나 글씨 쓰기를 하거나 학습지를 푼다. 아이들 둘이 어린이집을 다녔을 때는 하원 후에 손 씻고 태블릿으로 학습한다. 아이들이 학습하는 것을 잠깐 지켜본다. 저녁 준비를 해야 해서 오랜 시간 봐주지 못한다. 짧은 시간이지만 아이들 학습은 충분히 봐줄 수 있다. 중요한 것은 매일 꾸준히 하는 것이다. 밤에 자는 시간도 일정한 시간을 유지한다. 아이들은 생활 패턴이 무너지면 다시 바로잡기 힘들다. 되도록 일정한 생활 패턴을 유지한다. 그것이 아이들에게도 좋고 엄마도 좋다.

새해가 되면 사람들은 새해 계획을 세운다. 체중 감량 10kg, 1년에 100권 책 읽기, 영어 공부 하기, 아빠는 금주, 금연 계획을 세운다. 아이들과의 계획도 세운다. 매일 30분 책 읽기, 게임은 하루 1시간, 동생과 싸우지 않기 등 아이들 나름의 계획을 짠다. 계획을 하다 보면 의욕이 솟는다. 호기롭게 계획을 세운 것도 3일을 넘기지 못한다. 작심삼일이다. 그러다 계획을 포기한다. 해가 바뀔 때마다 이런 패턴이 반복된다.

하지만 괜찮다. 작심삼일을 넘기지 못했다면 다시 3일간의 계획을 세우면 된다. 일주일, 한 달, 1년의 계획은 지키기 어렵다. 그렇지만 3일은 얼마든지 지킬 수 있다. 이렇게 3일씩 계획을 하고 아이와 10분씩 함께해라. 10분은 긴 시간이 아니다. 책 한 권을 읽어도 10분은 훌쩍 지나간다.

나는 북 큐레이터 일을 하면서 회사에서 시행하는 리딩 타임을 함께했다. 저녁 8시가 되면 하던 일을 멈추고 아이와 책을 읽었다. 나는 8시를 맞추기 위해서 저녁을 일찍 먹이고 집안일도 해 놓고 온전히 아이와 집중하기 위해 노력했다. 저녁 8시 리딩 타임을 하고 나면 아이들을 씻기고 재워야 했다. 이렇게 시간을 정해놓으면 엄마도 아이도 시간을 지키기 위해 움직인다. 8시부터 아이와 함께하는 시간은 엄마와 아이가 정하면 된다. 10분 동안 책을 읽거나, 학습지를 풀거나, 함께 놀이를 해보자. 아이는 엄마와 함께하는 그 10분 동안 만큼은 엄마의 사랑을 듬뿍 받는다 느낄 것이다.

오늘 하루 10분을 내일로 미루지 마라.

엄마가 시간을 미루는 습관을 갖게 되면 내 아이도 미루는 습관을 갖게 된다. 미룬 것을 한꺼번에 하려는 생각도 버려라. 이미 지나간 시간은 어쩔 수 없다. 세상에서 가장 귀한 금은 '지금'이라고 했다. 지금 이 순간 내 아이와 함께하는 시간에 충실하길 바란다.

5

한글 습득 골든 타임, 바로 지금이다

잠실에서 수업할 때였다. 잠실은 학구열이 높은 지역이다. 유아들은 보통 영어 유치원은 기본으로 다니고 국제학교, 사립초등학교를 다니는 아이도 많다. 또 초등 6학년 아이가 고등 수학을 배우는 경우도 있었다. 6학년 아이가 고등 수학을 배우는 것은 너무 앞선 것이다. 선행이 너무 앞서 이루어지다 보니 6학년 수학 교육 과정도 다시 되짚고 있었다. 이런 방식은 옳지 않다 생각한다. 6학년 아이가 고등 수학을 배운다고 해서 잘 못된 것이 아니다. 다만 현 학년의 교육 과정을 제대로 마치지 못하고서 선행만 나가는 것은 무리가 있다는 것이다. 우리나라 수학은 계단식 학습이기 때문에 현 학년의 과정을 제대로 밟지 않는다면 다음 학년의 과정도 어렵기 때문이다. 구구단을 못 외우면 나눗셈을 못 하는 것과 같다.

7세 여자아이가 있었다. 그 아이는 내가 일하는 학습지 회사의 전 과목을 수업하고 있었다. 엄마는 사업을 하는 CEO였고 아빠는 집에서 두 남매를 케어하고 집에 도우미 이모님이 계셔서 집안일과 아이들 돌보기를 함께 했다. 그 아이 아빠는 아이들을 엄마 못지 않게 돌보고 계셨다. 특히 아이의 학습에 대한 부분은 정말 꼼꼼하게 살폈다. 수업이 끝나면 상담을 하는데 세심하게 아이에 대해 체크하고 아이가 무엇을 잘하고 못하는지도 잘 알고 있다. 수업 후 복습도 철저하다. 내가 채점한 것도 다시 점검한다. 이렇게 아이 케어에 빈틈이 없으니 나는 수업 관리가 편했다. 아빠와 아이에 대해 점검하고 함께하니 아이 수업의 진도나 복습 부분도 소통이 잘되었다. 그런데 이 모든 수업을 7세 아이가 감당하기는 버거웠다.

아이는 수업하는 것을 힘들어했다. 수업이 내 수업만 있는 것이 아니었기 때문이다. 집에 방문하시는 선생님이 또 몇 분 계신 걸로 알고 있었는데, 피아노 학원 외에 다른 학원도 다녀야 했기에 정말 입시생 못지 않은 공부를 했다. 그러다 보니 결국 부작용이 생겼다. 아이가 모든 것을 포기해버린 것이다. 나와의 수업도 다 싫다 하고, 학원도 모두 끊어버렸다. 아이는 어떤 공부도 하려 하지 않았다. 심지어 학교 입학을 앞두고 학교까지 거부하는 불상사가 생긴 것이다. 나는 이 아이를 붙잡지 못했다. 아이의 뜻이 너무나 완강해서 모든 수업을 그만두게 되었다. 이 아이는 너무 이른 나이에 많은 학습의 부담을 안고 가야 했다. 또 어린아이가 감당하기에 학습량이 과했다. 이 아이의 학습량은 중학생도 힘들어할 만한 정도였다.

과유불급(過猶不及)이라 했다. 정도를 지나침은 미치지 못함과 같다는 뜻이다. 이 아이는 나이에 비해 학습량이 너무 지나쳤다. 차라리 아무것도 하지 않는 것이 어쩌면 나았을지 모른다. 아이들이 배워야 하는 것에는 적기가 있다. 언어를 배워야 하는 적기, 걸음마를 배워야 하는 적기, 또 한글을 배워야 하는 적기 등 모든 배움에는 때가 있는 것이다. 학구열이 높은 학부모는 선행이 먼저 되어야 한다고 생각하는 경우가 많다. 수학 일타 강사로 유명한 정승제는 수학을 잘하려면 현 학년의 내용만 잘하면 된다고 한다. 수학 강사가 먼저 앞서간 선행 학습의 잘못된 문화에 대해 지적하기도 했다. 선행 학습보다 복습을 더 중요하게 생각하고 지금 배우고 있는 것을 제대로 알아야 한다.

"교육은 적기에 해야 효과가 크다. 당연히 초등학교 2학년에게는 2학년에 맞는 교육을 해야 하고, 유치원생에게는 유치원생에 맞는 교육을 해야 한다. 그런데 여기서 나이는 정신연령이 기준이 되어야 한다. 신체연령은 초등학교 2학년이지만 정신연령이 초등학교 6학년이라면 6학년 공부를 하는 것이 맞다. 반대로 신체연령은 초등학교 2학년이지만 정신연령은 7세 수준이라면 7세에 맞는 교육을 해야 한다."라고 『아이의 공부지능』에서 말한다. 학습지 교사를 하다 보면 다양한 이러한 경우를 접하게 된다. "선생님, 옆집에 민수랑 우리 아이랑 같이 수업을 시작했는데 민수는 벌써 진도가 끝나가는데 우리 아이는 왜 아직도 같은 내용을 반복만 하나요?"라고 묻는 부모님이 계셨다. 이 경우는 같은 나이의 아이가 수업을 같이 시작했다. 하지만 민수라는 아이는 제 학년에 맞는 수준이었고 한 아이는 그렇지 않았다. 두 엄마가 학습 상담을 같이 받을 경우, 또 친한 친구 사이일 경우 같은 진도에서 시작해서 함께하기를 바라기도 한다. 학습지는 학원이 아니기 때문에 이런 방법의 학습은 맞지 않다. 학습지를 하는 이유는 개인별 수준에 맞추는 맞춤 학습이기 때문이다. 아무리 친하고 같은 나이더라도 진도를 같이 나가는 것은 좋지 않다. 내 아이의 학습 수준을 이해하고 그에 맞는 학습을 해주는 것이 무엇보다 아이를 위해서 좋을 것이다.

아이의 나이가 보통 5세가 되면 엄마들은 한글을 언제 어떻게 해줘야 할지 고민한다. 나는 첫째가 한글에 관심을 가지면 시작하려고 했고, 둘째는 30개월에 시작했다. 막내는 5세에 시작했다. 아들 셋을 키우면서 각기 다른 시기와 교육 방법으로 한글을 가르쳤다. 나는 학습지 교사를 하면서 엄마들에게 이렇게 말한다. "어머니, 한글을 시작해야 하는 나이는 정해진 것이 아닙니다. 아이가 한글을 받아들일 준비가 되었는지, 만약 준비가 안 되었다면 얼마나 환경을 만들어주었는지를 살피고 시기와 연령에 맞는 학습을 해야 합니다. 만약 어머니께서 우리 아이에게 한글을 빨리 시작해주고 싶으시다면 먼저 환경을 만들어주세요. 환경을 어떻게 만들어줘야 할지 잘 모르시겠다면 저와 수업하시면서 환경을 만들면 좋을 것 같습니다."

『아이의 공부지능』의 민성원은 교육은 조기보다 적기가 더 중요하다고 강조한다. 어떤 능력이 발달할 적기가 3~5세라면 적기가 시작되는 3세부터 교육을 시키는 것이 바람직하다고 한다. 적기이면서 조기일 때 교육의 효과를 극대화할 수 있지만, 적기를 고려하지 않고 무조건 조기 교육을 하면 자칫 역효과가 날 수 있다고 했다. 조기 교육이 나쁜 것은 아니다. 하지만 아이가 준비가 되어 있지 않은 조기 교육은 아무런 의미가 없다. 내가 가르치던 아이 중 4세에 한글을 다 깨쳤지만 국어 수업으로 연결하지 못한 케이스가 있었다. 그 아이는 국어를 소화할 만한 연령이 아니었기 때문이다. 아이가 선생님 오시는 걸 워낙 좋아해서 한글을 반복적으로 수업했다. 그리고 5세가 돼서야 국어의 가장 첫 단계를 시작했다.

나는 아이들에게 한글을 가르치면서 한글을 빨리 깨치는 아이와 여러 번의 반복 끝에 겨우 깨치는 아이들을 수없이 보았다. 한글을 빨리 깨치는 경우는 아이가 한글을 배우고 받아들일 준비가 된 것이고, 그렇지 않은 경우는 한글을 받아들일 준비가 되지 않은 것이다. 한글을 30개월에 시작해도 7세가 되어도 깨치지 못하는 경우도 있다. 이것은 아이가 한글을 받아들일 준비가 안 된 상태에서 학습적으로만 접근을 했기 때문에 늦어진 것이다. 또 한글을 늦게 시작했는데 빨리 깨치는 경우는 아이가 한글 학습을 받아들일 준비가 되어 있었던 것이다. 지금 생각해보면 우리 첫째는 한글을 아직 받아들일 준비가 덜 되어 있었는데 내가 나이가 되었으니 시켰다. 둘째는 책을 읽어주며 태블릿으로 재미있게 놀면서 배우면서 노출이 되니 한글을 빨리 깨쳤다. 막내는 형이 공부하는 것을 보고 그저 같이하고 싶은 마음에 형을 따라 하고 싶어서 자연스럽게 공부를 하려고 했다. 막내는 이미 한글 배울 준비를 형을 통해서 한 셈이다. 우리 아이 중 한글을 배우기 가장 좋았던 아이는 막내였다. 둘째도 빨리 깨쳤지만 막내는 환경과 시기가 맞물려 빨리 깨친 것이다. 이것이 바로 골든타임이다. 우리 막내는 한글 습득의 골든 타임을 잡은 것이다. 막내는 둘째보다 이른 시기에 책을 접했고 같은 환경이 일찍 만들어지다 보니 언어 구사력이 둘째보다 좋다. 어린이집에서도 선생님들이 우리 아이들이 어휘력이 좋다고 칭찬을 많이 하셨다. 내가 객관적으로 생각하는 우리 아이들 어휘력 중에서는 일상생활 어휘력이 좋았던 것 같다.

주변에 엄마들은 나에게 한글을 몇 살에 시작해야 하냐고 많이 묻는다. 이 질문에 가장 많이 대답해주는 말은 먼저 책을 많이 읽어주라고 한다. 책을 읽어주다 보면 아이들이 글자에 관심이 생겨 물어보는 때가 있다. 그 시기가 빠를 수도 있고 늦을 수도 있다. 또 책을 읽으면서 한글을 떼는 경우도 있다. 책을 많이 읽어주면 아이들은 주로 그림을 보기도 하지만 글자를 보면서 반복되는 글자의 패턴을 이해하고 기억하면서 글을 익히는 것이다. 한글을 떼는 시기는 정해지지 않았다. 다만 환경을 만들어주고 노출시키다 보면 내 아이에게 맞는 골든타임이 찾아오게 되어 있다. 좀 더 정확한 시기를 알고 싶다면 영아기 때는 사물 인지를 시켜주고 유아기 때는 사물 인지를 통한 낱말들을 보여주면서 책을 읽어주면 된다. 이렇게 아이에게 자연스럽게 접해준다면 분명 아이에게 한글을 가르쳐줘야 하는 타이밍을 잡을 수 있다. 좀 더 정확히 얘기해주길 바라는가? 내 아이의 한글 교육을 고민하는 바로 지금이 한글 습득의 골든 타임이다. 지금 바로 시작하라.

6

엄마의역할은아이의호기심과욕구를채워주는것이다

유아 특기 강사를 할 때다.

몰펀 블록, 델타샌드(모래놀이), 가베, 네아이 마그네틱(자석 교구) 수업을 했다. 어린이집과 문화센터, 교회 문화센터에 출강해서 수업을 한다. 홈스쿨도 함께했다. 유아들 수업은 주제에 대한 도입을 한다. 도입을 위한 도구로는 동화를 들려주기도 하고, 교구를 사용하기도 한다. 주제에 관련된 그림이나 사진 자료를 사용하기도 한다.

나는 주로 동화책을 많이 활용했다. 동화책을 읽어주기 전에 표지 도입을 한다. 동화책은 표지에 주제가 표현되어 있다. 표지를 보며 아이들의 호기심을 자극한다.

"얘들아, 오늘은 선생님이 아주 재미있는 이야기를 가지고 왔어요. 어떤 이야기일까? 다 같이 '동화 나와라 뚝딱!' 하고 외쳐보자."

"동화 나와라 뚜~~욱~딱!"

하며 동화책 표지를 먼저 보여준다. 동화책 표지를 보면서 아이들에게 질문하고 주제에 대한 호기심을 유발한다. 유아들 수업은 도입이 중요하다. 아이들의 집중을 유도하고 호기심 유발을 해야 수업이 원활하게 진행된다. 수업 준비를 할 때에도 도입 부분 준비에 신경을 많이 쓴다. 도입을 잘해야 그날의 수업 분위기가 좋아진다. 아이들의 흥미를 끌지 못하면 수업도 실패한 것과 다름없는 것이다.

내가 수업했던 한글 교재도 표지에 이번 주에 학습하는 주제가 나타나 있다. 한글 수업도 마찬가지로 표지 도입으로 아이들의 흥미를 끌어낸다. 한글 수업은 수업하는 호수마다 주제가 있다. 탈것, 과일, 몸, 자연 등 아이들이 친숙하게 접할 수 있는 주제들이다. 수업을 시작하면서 교재의 표지로 도입을 한다. 아이들은 호기심에 가득 찬 눈으로 나를 바라보며 집중한다. 호기심을 이끌어주면서 수업에 대한 기대감도 끌어올린다.

"민수야, 우리 민수는 어떤 과일을 좋아해?"

"음~~ 딸기!"

"아~! 그래, 딸기를 좋아하는구나~! 그런데 딸기를 누가 얌~ 하고 먹어버렸대. 누가 딸기를 먹었을까? 우리 같이 가볼까?"

아이와 이렇게 대화하고 수업을 시작하면 아이들은 딸기를 누가 먹었는지 궁금해하며 수업에 집중한다. 스토리가 있어서 스토리에 집중하며 스티커도 재미있게 놀면서 붙이고 낱말 카드 놀이도 한다. 짧은 시간 동안 온전히 아이에게 집중하며 놀아주면 아이는 자리를 이탈하거나 힘들어하지 않는다. 다만 컨디션이 좋지 않거나, 배가 고프거나, 졸리거나 하면 집중은 어려운 게 당연하다. 짧은 시간의 수업이지만 아이가 온전히 그 시간에 집중할 수 있도록 만들어줘야 한다. 수업 전에 간식을 먹거나, 화장실도 미리 다녀오고, 물도 마시고, 졸리다면 잠을 깰 수 있도록 도와줘야 한다. 아이의 컨디션을 조절해주는 것은 매우 중요하다.

우리 앞집 엄마는 아이들의 욕구를 알아차리지 못한다. 오늘 아침도 어김없이 둘째 아이가 떼를 쓰며 울었다. 아이는 엄마에게 "안아줘요." 라며 의사 표시를 하는데 엄마는 엄마의 요구사항만 아이에게 강요한다. 아이는 본인의 욕구가 충족되지 않으니 계속 울며 떼쓰고 결국은 엄마에게 혼이 난다. 아이가 연년생으로 셋이다 보니 힘든 것은 충분히 이해한다. 하지만 아이의 욕구를 어느 정도 알아차리고 아이를 달래줘야 하는데 아이의 욕구에 조건을 달며 협상을 하려 한다. 아이는 절대 엄마와 협

상할 마음이 없다. 엄마도 아이의 욕구를 채워줄 의사가 없다. 이러한 일이 반복되면 아이는 좌절감을 맛보게 된다. 얼마 전에는 아이들이 너무 우니까 주변에 사는 주민이 아동학대로 신고해서 경찰까지 출동한 일이 있었다. 엄마가 아이를 때리거나 학대한 것은 아니지만 욕구 충족이 되지 않은 아이는 울고 떼를 쓸 수밖에 없다.

엄마와 아이의 목소리가 워낙 커서 우리 집까지 소리가 다 들린다. 이러한 것도 층간 소음이다. 같이 아이 키우는 입장이라 최대한 이해하려 노력하지만 힘들 때가 많다.

엄마는 내 아이가 무엇을 원하는지 알아야 한다. 그렇다고 무조건 아이의 요구를 들어줄 수는 없다. 아이의 의사표현은 받아주되, 안 되는 것이 있다면 왜 안 되는지 아이에게 설명해야 한다. 앞집 아이가 너무 심하게 울어서 내가 앞집에 갔다. 앞서 언급했던 대치 상황이 벌어진 것이다. 나는 아이를 달래고 왜 안 되는지 설명을 해주었다. 이렇게 설명을 해주니 아이는 내 말을 받아들이고 울음을 그쳤다.

우리 막내는 가끔 말도 안 되는 떼를 쓴다. 안 되는 이유를 충분히 설명해도 통하지 않는다. 떼를 쓰다가 결국 울음을 터트린다. 엄마가 안아주길 원하는 것이다. 잠자기 전에 이런 일이 가끔 일어난다. 막내를 꼭 안아준다. 울음을 바로 그친다. 그러면 다시 떼쓴 것에 대해 설명하면 고개를 끄덕거리며 바로 수긍한다. 나도 막내가 떼를 쓰고 울면 힘들다. 하지만 막내가 무엇을 원하는지 알기에 원하는 것을 다 들어준다. 어려운 것이 아니다. 그럼 막내도 내 말에 귀를 기울인다.

아이들이 원하는 것은 다른 것이 아니다. 엄마의 사랑을 원한다. 엄마의 품에 안기기를 원한다. 엄마와 눈맞춤을 원한다. 이런 것을 들어주는 것은 어렵지 않다. 다만 엄마가 지금 당장 아이를 안아줄 수 없기 때문에 엄마도 마음이 힘들고 아이도 힘든 것이다. 아이가 원하는 것이 있다면 그것이 무엇인지 아이의 말에 귀를 기울여야 한다. 아이의 행동을 살펴야 한다. 아이들은 자신이 요구하는 것을 어떻게든 표현하게 되어 있다.

우리 아이들은 질문이 많다. 매 순간 궁금한 것투성이다. 일상적인 상황에서도 무엇 하나 놓치지 않고 질문한다.

"엄마, 저 버스는 왜 작아요?"

"엄마, 왜 벽에다가 사람들 사진(선거 벽보)을 붙였어요?"

"엄마, 저 차들은 왜 저렇게 시끄러워요?"

매 순간 질문을 쏟아낸다.

우리 둘째는 얼마 전 있었던 지방선거 홍보 차량이 궁금했다. 왜 시끄럽게 노래를 크게 틀고 다니냐고 묻는다. 선거에 대해서 1학년 아이에게 뭐라고 설명해야 할지 고민했다.

"수민아, 얼마 전에 대통령을 새로 뽑았지? 대통령은 무슨 일을 하는 사람이지?"

"우리나라를 살기 좋게 하기 위해 일하시는 분이요?"

"그래 맞아. 그런데 대통령 혼자서 우리나라 일을 다 할 수는 없어. 그래서 지역마다 일할 수 있는 사람들을 뽑는 거야. 대통령이 혼자 뽑는 게 아니라 우리나라 국민의 투표를 통해서 뽑는데 투표로 뽑는 방법을 '선거'라고 하는 거야. 선거에서 뽑힌 사람은 우리나라 각 지역에서 일을 하는데 그런 사람들을 국회의원이라고 하고, 시장, 구청장 등 일하는 역할에 따라 부르는 호칭도 다 달라. 이렇게 차를 타고 다니면서 홍보하는 건 '나를 뽑아주세요, 열심히 일하겠습니다.' 이런 뜻으로 하는 거야."

이렇게 설명해주니 둘째는 그제야 궁금한 것에 대해 해결을 한 듯했다.

둘째는 내 얘기를 듣고 이해를 한 것 같았다. 그다음 날 또 나에게 이야기한다.

"엄마, 저 차들은 '나를 뽑아주세요. 열심히 일하겠습니다.'라고 홍보하는 거죠?"

"응, 맞아."

아이들은 세상에 대한 호기심이 많다. 우리 아이들만 보더라도 길을 걸어가면서도 궁금한 것투성이다. 대답해주기 힘들 정도로 질문들을 쏟아낸다. 아이들의 질문에 매번 대답하기는 힘들 수 있다.

"아! 몰라! 너가 생각해봐!" 하며 짜증 섞인 말을 하지 말고 아이에게 되묻기를 하면서 아이 스스로 생각할 수 있도록 해라.

"엄마, 저 차는 왜 번호판이 달라요?"

"어! 그러네. 정민이가 생각하기에 왜 다른 것 같아?"

이렇게 되물으면 아이는 생각한다. 그리고 생각한 것에 대해 이야기한다. 아이가 스스로 생각하고 이야기한 것은 존중해줘야 한다. 아이의 생각이 틀렸다고 지적하면 아이는 더 이상 생각하지 않을 것이다. 아이의 호기심 어린 질문에 대답하기 어렵다면 책을 찾아보면 알려준다. 엄마가 책을 찾아 궁금한 것을 알아본다면 아이도 궁금한 것이 있으면 책을 찾으려 할 것이다. 엄마의 역할은 이처럼 중요하다. 엄마의 말 한마디, 행동 하나가 아이의 호기심을 차단할 수 있고 욕구를 채워줄 수 있다. 당신은 어떤 엄마가 될 것인가?

7

엄마표 한글 놀이가 공부하는 아이를 만든다

요즘은 엄마표 교육이 늘고 있다.

엄마표 영어, 엄마표 독서 지도, 엄마표 수학, 홈스쿨링 등 엄마들이 교육에 뛰어든다. 나는 엄마표 한글을 내 아이들에게 가르쳤다. 내가 내 아이들을 가르치면 내 아이들이 어떤 것을 잘하고 어려워하는지 파악이 쉽다. 또 내 아이의 성향을 누구보다 잘 알기에 아이의 성향에 맞게 가르쳐 줄 수 있다. 나는 첫째와 공부할 때 오로지 책상 앞에 앉아서만 하려고 했다. 놀이를 하면서 가르쳐줄 생각을 하지 못했다. 참 아이러니하다. 내가 일할 때는 다른 아이들을 놀면서 가르쳤는데, 왜 내 아이는 그렇게 하지 못했는지 말이다.

『내 아이를 위한 감정코칭』에서는 놀이의 중요성에 대해 이렇게 말한다.

"놀이는 인지, 정서, 사회성, 신체 발달 등에 이루 다 나열할 수 없을 정도로 많은 이로움을 줍니다. 학습을 놀이처럼 한다면 아이들은 아주 재미있어서 누가 보든 안 보든 열심히 할 것이고, 말려도 할 것입니다. 또한 규칙 준수, 양보성, 호혜성, 창의성, 호기심, 노력, 열정, 지도력, 협동심 등 아이에게 키워주고자 하는 수많은 덕목과 성품, 실력, 재능을 저절로 쌓을 수 있습니다. 이렇게 효과적이고 좋은 방법이 있는데, 왜 아이와 책상만 펴고 앉으면 언성이 높아지고 지루함과 불안감을 조장하면서 공부를 하게 되는지 모를 일입니다. 아마도 우리 문화에서 부부나 가족이 함께하는 놀이가 지난 반세기 동안 급격한 산업화, 도시화, 사회적 신분 상승을 위한 경쟁적 입시제도 등에 밀려나서 그런 게 아닐까 생각해 봅니다."

아이는 놀이를 통해서 배운다고 한다. 놀이의 중요성을 모르는 부모는 없을 것이다. 놀이가 중요한 것을 알기에 놀이 수학을 배우도록 하고, 영어 놀이, 가베 놀이 등 다양한 놀이 수업을 시킨다. 놀이 수업은 아이들의 흥미를 끌고 집중력을 향상시킨다. 나는 유아 특기 강사를 할 때 몰편 블록 수업을 했다. 주제에 대한 도입을 하는 동안 아이들은 빨리 블록을 만지고 싶어서 엉덩이가 들썩거린다. 도입을 마치고 블록 만들기를 시작하면 아이들은 블록 만들기에 집중한다. 말하기 좋아하는 아이는 블록을 만들면서도 질문을 하고 옆 친구와 이야기하기 바쁘다. 그래도 즐겁게 블록 만들기를 한다. 만들기가 완성이 되면 아이들에게 무엇을 만들었는지 발표를 시킨다.

아이들은 자신이 만든 작품에 성취감을 느끼며 빨리 친구들에게 자랑하고 싶어 한다. 서로 먼저 발표하겠다고 앞다투어 손을 든다. 발표하면서 이야기하는 것을 어려워하는 아이가 있다. 이런 아이는 내가 정리를 해서 다시 이야기해준다. 아이는 내 이야기를 듣고 친구들에게 다시 작품을 설명한다. 친구들 앞에서 발표는 잘하지 못해도 자기가 만들었다는 성취감에 아이들의 기쁨은 크다.

교구 수업을 하다 보면 아이들의 창의성이 엿보인다. 옆 친구가 만든 것을 보고 좀 더 창의적으로 만드는 친구도 있고, 선생님이 보여준 샘플과 똑같이 만드는 친구도 있다. 또는 혼자 스스로 독창적인 작품을 만드는 친구도 있다. 혼자서 멋진 작품을 만들어내는 친구는 책을 많이 본 아이다. 이런 아이는 무엇을 하든 표시가 난다. 말하는 것도 다른 아이들과 다르다. 질문하는 수준도 다르다. 나는 수많은 아이를 가르치면서 아이들의 다양성을 보았다. 부모의 다양성을 보았다. 집에서 엄마, 아빠가 잘 놀아주는 아이는 어딜 가서도 잘 논다. 사랑도 많다.

나는 교구 수업을 하면서 아이들이 스스로 잘 만들 수 있도록 조력자 역할을 한다. 절대 내가 만들어주거나 아이들이 만든 작품에 손대지 않는다. 만들기를 어려워하는 아이가 있다면 샘플을 주고 똑같이 만들도록 한다. 그렇게 똑같이 만들기를 하다가 아이 스스로 더 꾸미고 싶은 것이 생긴다. 이것이 창의성이다. 무에서 유를 창조하는 것이 아닌, 유에서 유를 창조하는 것이 창의성이다.

내 아이들을 가르칠 때도 그랬다. 나는 그림을 못 그린다. 막내가 공룡을 그려달라고 하면 책을 보여주며 그려보도록 한다. 책을 보고 그리면서 그리는 실력이 늘었다. 책에는 공룡이 자세하게 묘사되어 있어 세밀하게 관찰한 후에 그림을 그린다. 처음에는 공룡의 형체만 있었다면 점점 날카로운 이빨이 그려지고 발가락과 발톱도 자세히 표현된다. 내가 그림을 그려주거나 만들어주지 않는다. 아이 스스로 할 수 있도록 동기부여 하고 격려한다. 엄마의 격려는 아이에게 스스로 할 수 있는 힘을 준다.

아이와 놀이를 하거나 공부를 할 때는 아이와의 유대관계가 좋아야 한다.

아이와 감정이 상해 있을 때는 아무것도 하기 싫어진다. 아이들은 자신이 원하는 것이 있을 때 언어로 표현하지 못한다. 표현하더라도 구체적으로 표현하지 못한다. 엄마가 아이의 감정을 알아차려야 한다. 아이들이 떼를 쓰는 데는 다 이유가 있다. 원하는 것을 하지 못했을 때, 엄마가 내 마음을 몰라주면 떼를 쓴다. 엄마가 아이의 마음을 알아차리지 못하면 아이의 떼는 점점 격해진다. 격해진 아이를 달래는 것은 여간 어려운 일이 아니다.

나는 첫째와 공부를 하려고 할 때 아이가 하기 싫어하면 화를 낸 적이 있었다. 아이가 하기 싫다는 말에 나도 모르게 화가 난 것이다. 엄마가 화를 내니 아이는 더 하기 싫다. 공부하기 싫다고 했을 때, 먼저 왜 하기 싫은지 아이의 마음을 읽어주어야 했다. 몸이 안 좋은지, 공부가 어려운지, 잠이 오는지 이유를 물어야 했다. 나는 아이가 엄마의 말을 거절한 것에 화가 났다. 엄마도 사람인지라 감정 조절이 어려울 때가 있다. 특히 몸이 아프면 더 기분이 안 좋고 힘들다. 요즘 나는 허리 통증 때문에 힘이 든다. 내가 다치고 싶어 다친 것은 아니지만 조심하지 못한 내 잘못이다. 허리가 아파 움직이지 못하니 아이들이 말을 듣지 않는 것에 더 집중되어 아이들에게 화를 내기도 했다. 이러니 엄마의 건강은 아이들에게 많은 영향을 미친다.

우리 늦둥이들은 무엇이든 엄마와 함께하는 것을 좋아한다.
색종이도 엄마랑 함께하고 싶어 하고, 블록 놀이도 엄마가 함께하기를 바란다. 엄마는 아이들이 노는 시간에 잠시 쉬고 싶다. 그런 엄마의 마음을 아는지 모르는지 아이들은 엄마에게 같이 놀자고 조른다. 내가 잘하는 건 아이들을 가르치는 것이다. 함께 놀아주는 것은 어렵다. 또 재미있는 건 공부를 가르치며 노는 것은 잘한다. 놀이를 통해 가르치는 것이다. 둘째와 막내에게 놀면서 한글을 가르쳤고, 수학을 가르쳤다. 시계 보기도 가르쳤다. 쉽게 말해 놀이 수업이다.

엄마들마다 잘하는 것은 모두 다르다. 엄마가 잘하는 것을 살려서 아이와 함께해보자. 영어를 잘한다면 영어를 놀면서 가르치면 된다. 동화 구연을 잘한다면 재미있게 책을 읽어줘라. 수학을 잘하면 놀면서 수학을 가르쳐보자. 아이들은 엄마와 함께하는 것 자체가 즐거움이고 행복이다.

엄마는 아이에게 최고의 선생님이자, 놀이 친구이자, 조력자다.

내 아이를 가장 잘 아는 사람도 엄마고, 가장 모르는 사람도 엄마다. 내 아이를 가장 잘 알기에 아이에게 맞춤한 공부를 가르쳐줄 수 있다. 내 아이를 잘 모르니 아이를 학원에 보내고 학습지를 시킨다. 잘 알아도 엄마가 가르칠 환경이 되지 못하면 사교육을 시킨다. 사교육을 시켜도 엄마의 몫은 분명 있다. 숙제를 봐줘야 하고 복습을 해줘야 한다. 무엇을 하든 엄마가 아이의 학습에 대해 잘 이해하고 알고 있어야 한다. 아이를 키우는 엄마라면 엄마도 아이를 양육하고 교육하면서 공부해야 한다.

나는 집에서 아이들을 가르치고 돌보면서 내가 막히는 부분이 있으면 책을 찾아 읽었다. 내가 직접 아이들을 가르치고 놀아주니 아이들은 엄마를 신뢰한다. 무엇이든 엄마에게 물어본다. 나는 엄마표 한글을 가르치면서 내 아이들과 친밀한 유대관계를 형성했다. 엄마가 하는 모든 것을 아이들은 보고 따라 한다. 엄마가 책을 읽으면 아이들도 스스로 책장 앞에 앉아 책을 읽는다. 엄마가 형이랑 공부하면 동생도 책을 가져와 공부를 가르쳐달라고 한다.

우리 늦둥이들은 연년생이다.

동생은 형이 하는 것이 무엇이든 따라 하고, 동생이 하는 것은 형도 하고 싶어 한다. 엄마의 사랑을 서로 독차지하려는 마음도 있다. 그런 마음이 있으니 엄마가 한 아이와 공부를 하면 함께하고 싶어 한다. 엄마가 놀면서 공부를 가르쳐주니 아이들은 엄마와 놀고 싶은 마음에 공부를 하자고 먼저 엄마에게 요구하기도 한다. 꼭 책상 앞에 앉아서 하는 것만이 공부가 아니다. 아이들을 데리고 다양한 체험을 하는 것도 공부고 슈퍼에 가서 물건을 사고 계산을 하는 것도 공부다. 아직 배울 것이 많은 아이들은 세상을 살아가는 것 자체가 공부다. 엄마는 이런 아이들에게 올바른 것을 가르치고 방향을 잡아줘야 한다.

나는 내 아이들이 올바른 가치관으로 세상을 살아가길 바란다.

공부를 잘하는 것도 중요하다. 하지만 그보다 더 중요한 것은 내 아이들이 사회의 한 구성원으로서 가치 있는 삶을 살기를 바란다. 예의 바르고 바른 인성을 가진 아이로 자라길 바란다. 아이들에게 모범이 되어야 하는 사람은 부모다. 그중에서 특히 엄마다. 엄마의 영향을 가장 많이 받는다. 나도 아직은 부족한 것이 많은 엄마다. 그래도 아이들은 엄마를 가장 사랑한다. 『예민한 아이 육아법』의 저자 엄지언은 엄마가 아이를 사랑하는 것보다 아이가 엄마를 더 많이 사랑하고 있다는 것을 느꼈다고 한다. 그렇다. 엄마가 아이를 사랑하는 것보다 아이들이 엄마를 더 많이 사랑한다. 부족한 엄마를 사랑해주는 것이 아이들이다. 나는 사랑받는 엄마다. 이런 아이들에게 감사하고 또 감사한다. 이 책을 읽고 있는 여러분도 아이들에게 사랑받고 있는 엄마임을 기억하자.